FORSCHUNGSBERICHTE DES LANDES NORDRHEIN-WESTFALEN

Nr. 2157

Herausgegeben im Auftrage des Ministerpräsidenten Heinz Kühn
von Staatssekretär Professor Dr. h. c. Dr. E. h. Leo Brandt

Walter Trebels

Besselpotentiale gerader Ordnung und äquivalente Lipschitzräume

Paul Leo Butzer – Jens Kemper

Operatorenkalkül von Approximationsverfahren fastperiodischer Funktionen

Lehrstuhl A für Mathematik der Rhein.-Westf. Techn. Hochschule Aachen

SPRINGER FACHMEDIEN WIESBADEN GMBH

ISBN 978-3-663-06221-9   ISBN 978-3-663-07134-1 (eBook)
DOI 10.1007/978-3-663-07134-1

Verlags-Nr. 012157

© 1970 by Springer Fachmedien Wiesbaden

Ursprünglich erschienen bei Westdeutscher Verlag, Köln und Opladen 1970

Walter Trebels

Besselpotentiale gerader Ordnung und äquivalente Lipschitzräume

Inhalt

1. Einleitung.. 7
2. Einige Eigenschaften des Besselkerns 8
3. Lipschitzbedingungen an f 11
4. Lipschitzbedingungen an Ableitungen von f 19
Literaturverzeichnis 21

1. Einleitung

Die Räume L_α^p der Besselpotentiale sind von einer Vielzahl von Autoren untersucht und benutzt worden, die sich z. B. mit Vervollständigungen (ARONSZAJN–SMITH [2]), mit stetigen Einbettungen in Besov- und Sobolevräume (ARONSZAJN–MULLA–SZEPTYCKI [1]), mit Differenzierbarkeitsaussagen (CALDERÓN [11]), mit Lipschitzräumen (TAIBLESON [23]) u. a. beschäftigen.

Als unmittelbaren Ausgangspunkt dieser Abhandlung* kann man die Arbeiten von GÖRLICH [13], [14] ansehen, die eine Weiterentwicklung der mehrdimensionalen Saturationstheorie darstellen, die auf BUTZER–NESSEL [7] und NESSEL [17] im Falle $1 \leq p \leq 2$ zurückgeht. In [13], [14] wird bewiesen, daß die Räume L_α^p die Favardklassen gewisser n-dimensionaler, radialer Approximationsverfahren, wie z. B. die Bochner-Riesz-Mittel und das verallgemeinerte Weierstraßverfahren, kennzeichnen. Diese Klassen wurden in WHEEDEN [25] und TREBELS [24] durch gewisse hypersinguläre Integrale charakterisiert, die man als Rieszableitungen interpretieren kann.

In der eindimensionalen Theorie hat BUTZER [4], [5] ($\alpha = 2$) Charakterisierungen der Favardklassen mittels Lipschitzbedingungen abgeleitet. In der mehrdimensionalen Theorie sind jedoch entsprechende Aussagen nur für $1 < p < \infty$ bekannt (vgl. [13]); im Falle $p = 1$ sind diese Bedingungen zwar hinreichend, jedoch ist ihre Notwendigkeit nicht bewiesen.

Unser Zugang schwächt die letzteren Ergebnisse so ab, daß er einerseits für alle p-Werte, $1 \leq p \leq \infty$, äquivalente Aussagen liefert und daß sich aus ihm andererseits im Falle $1 < p < \infty$ mittels eines Multiplikatorensatzes von Marcinkiewicz-Mikhlin (vgl. [16; p. 232]) die bekannten Resultate wiedergewinnen lassen. Überdies gelangen wir zu einer Erweiterung des Laplaceoperators im klassischen Rahmen.

Der Verfasser ist den Herren Professor Dr. P. L. BUTZER und Dr. R. J. NESSEL für wertvolle Hinweise sowie für eine kritische Durchsicht dieser Arbeit zu Dank verpflichtet.

Sei $x = (x_1, \ldots, x_n)$ ein Punkt des n-dimensionalen euklidischen Raumes E_n, e^k der Einheitsvektor längs der k-ten Achse, $j = (j_1, \ldots, j_n)$ ein n-Tupel von nicht-negativen ganzen Zahlen. Wir schreiben $x \cdot y = \sum_{k=1}^{n} x_k y_k$, $|x|^2 = x \cdot x$, $x^j = x_1^{j_1} \ldots x_n^{j_n}$, $D^j = (\partial/\partial x_1)^{j_1} \ldots (\partial/\partial x_n)^{j_n}$ und $|j| = j_1 + \ldots + j_n$. Konstanten bezeichnen wir einheitlich mit C.

Unter $L^p(E_n)$ verstehen wir die Menge der zur p-ten Potenz (Lebesgue-) integrierbaren Funktionen f mit endlicher Norm

$$\|f\|_p = \{\int_{E_n} |f(x)|^p \, dx\}^{1/p}, \quad 1 \leq p < \infty, \quad \|f\|_\infty = \operatorname*{ess\,sup}_{x \in E_n} |f(x)|,$$

unter M die Menge der beschränkten Maße μ des E_n, die wir mittels $\|d\mu\|_1 = \int_{E_n} |d\mu|$ normieren. Definieren wir die Faltung zwischen einem Maß $\mu \in \mathsf{M}$ und einer Funktion $f \in \mathsf{L}^p$, $1 \leq p \leq \infty$, durch

(1.1) $\quad f * d\mu(x) = (2\pi)^{-n/2} \int_{E_n} f(x-y) \, d\mu(y),$

---

* Diese Arbeit enthält einige der in BUTZER-TREBELS [10] angekündigten Ergebnisse sowie Verallgemeinerungen hierzu.

so gilt $\|f * d\mu\|_p \leq \|f\|_p \|d\mu\|_1$. Die k-te Differenz einer (Lebesgue-meßbaren) Funktion f mit Verschiebung u erklären wir durch

$$\Delta_u^k f(x) = \sum_{l=0}^{k} (-1)^l \binom{k}{l} f(x + (k-l)u)$$

und sagen $f \in \text{Lip}(\alpha, k; p)$, falls $\Delta_u^k f \in L^p$ ist und der Relation $\|\Delta_u^k f\|_p = O(|u|^\alpha)$, $0 < \alpha \leq k$, genügt; falls $k > \alpha$ gilt, so ist es unwesentlich (vgl. z. B. HERZ [15]), wie groß die natürliche Zahl k wirklich ist. Schließlich definieren wir noch die Fourier-Stieltjestransformierte eines Maßes $\mu \in M$ bzw. die Fouriertransformierte einer Funktion $f \in L^1$ durch

(1.2) $\quad [d\mu]\hat{}\,(v) = (2\pi)^{-n/2} \int_{E_n} e^{-iv \cdot x} d\mu(x), \quad f\hat{}\,(v) = (2\pi)^{-n/2} \int_{E_n} e^{-iv \cdot x} f(x) dx.$

Abgesehen von diesen Schreibweisen, benutzen wir die Terminologie von SCHWARTZ [21]:

$S = \{\varphi \in C^\infty(E_n); \sup_{x \in E_n} |x|^k |D^j \varphi(x)| \leq C_{k,j}\}$

$ = $ Raum der beliebig oft differenzierbaren, schnell abfallenden Funktionen,

$S' = $ Raum der stetigen linearen Funktionale T auf S (temperierte Distributionen),

$O_M = \{\varphi \in C^\infty(E_n); |D^j \varphi(x)| \leq |x|^k, k = k(\varphi, j), \text{ für alle } x \in E_n\}$,

$O'_C = \{T \in S'; (1 + |x|^2)^k T \text{ ist eine beschränkte Distribution}\}$.

Hierbei ist eine beschränkte Distribution definiert als stetiges lineares Funktional auf D_{L^1}, wobei $\psi \in D_{L^1}$, falls $\psi, D^j \psi \in L^1$ für alle n-Tupel j.
Die mittels $\langle T, \varphi\hat{}\,\rangle = \langle T\hat{}\,, \varphi \rangle$ für $T \in S'$, $\varphi \in S$ erklärte Fouriertransformation ist eine eineindeutige Abbildung von S' auf S' und von O_M auf O'_C; da sie konsistent ist mit der klassischen, bezeichnen wir einheitlich die Fouriertransformierte einer L^p-Funktion ($1 \leq p \leq 2$) oder einer temperierten Distribution f mit $f\hat{}\,$. Die Faltung zwischen $f \in O'_C$ und $T \in S'$

$$\langle f * T, \varphi \rangle = (2\pi)^{-n/2} \langle f_y, \langle T_x, \varphi(x+y) \rangle \rangle$$

existiert in S' und besitzt als Fouriertransformierte $(f * T)\hat{}\, = f\hat{}\, T\hat{}\,$, wobei das Produkt $f\hat{}\, T\hat{}\,$ durch $\langle f\hat{}\, T\hat{}\,, \varphi \rangle = \langle T\hat{}\,, f\hat{}\, \varphi \rangle$ erklärt sei. Für Beweise und Einzelheiten verweisen wir auf SCHWARTZ [21].

2. Einige Eigenschaften des Besselkerns

Definition 2.1. *Sei $\alpha > 0$; die Funktion*

$$G_\alpha(x) = [2^{(\alpha-2)/2} \Gamma(\alpha/2)]^{-1} |x|^{(\alpha-n)/2} K_{(n-\alpha)/2}(|x|)$$

heißt Besselkern, wobei die Funktionen ($|x| = r$)

$$K_\beta(r) = \frac{\pi}{2} \frac{I_{-\beta}(r) - I_\beta(r)}{\sin \beta \pi}, \qquad I_\beta(r) = \sum_{m=0}^{\infty} \frac{(r/2)^{\beta+2m}}{m! \, \Gamma(\beta+m+1)}$$

die modifizierten Besselfunktionen der Ordnung β dritter bzw. erster Art sind.

G_α ist eine nichtnegative, integrierbare Funktion [2] mit $\int G_\alpha(x)\,dx = (2\pi)^{n/2}$; ihre Fouriertransformierte wird durch

(2.1) $\qquad \hat{G_\alpha}(v) = (1 + |v|^2)^{-\alpha/2}$

gegeben. Aus dieser Darstellung ist unmittelbar einzusehen, daß ($\alpha, \beta > 0$)

(2.2) $\qquad G_\alpha * G_\beta(x) = G_{\alpha+\beta}(x)$

gilt. Aus der Darstellung (2.1) von G_α durch die Fouriertransformierte wollen wir nun mittels des Rieszpotentials auf Glattheitseigenschaften des Besselkerns G_α schließen. Hierzu benötigen wir das folgende einfache (für $n = 1$ siehe OKIKIOLU [19])

Lemma 2.2. *Für festes $u \in E_n$ ($u \neq 0$) ist die Funktion*

$$m_{u,\alpha}(x) = \Gamma\left(\frac{n-\alpha}{2}\right)[2^{\alpha-n/2}\Gamma(\alpha/2)]^{-1}\{|x+u|^{\alpha-n} - |x|^{\alpha-n}\}$$

für $0 < \alpha < 1$ integrierbar, und es gilt mit $u^\circ = u/|u|$

$$\|m_{u,\alpha}\|_1 = |u|^\alpha \|m_{u^\circ,\alpha}\|_1, \quad [m_{u,\alpha}]\hat{}\,(v) = |v|^{-\alpha}(e^{iu\cdot v} - 1).$$

Beweis: Offensichtlich ist die Funktion $m_{u^\circ,\alpha}$ lokal integrierbar; da sie für genügend großes x differenzierbar ist, folgt mit Hilfe der Taylorformel

$$\int_{|x|\geq 2} ||x+u^\circ|^{\alpha-n} - |x|^{\alpha-n}|\,dx$$

$$= \int_{|x|\geq 2} |\int_0^1 \sum_{k=1}^n (\alpha-n)\,u_k^\circ |x+\eta u^\circ|^{\alpha-n-2}(x_k + \eta u_k^\circ)\,d\eta|\,dx$$

$$\leq |\alpha-n|\sum_{k=1}^n \int_0^1 d\eta \int_{|x|\geq 1} |x|^{\alpha-n-1}\,dx < \infty.$$

Mithin ist $\|m_{u^\circ,\alpha}\|_1$ eine endliche Zahl; die Substitution $x = |u|y$ liefert den ersten Teil der Behauptung, und der zweite folgt nach RIESZ [20; p. 17] (vgl. auch [12; p. 157]).

Den Zusammenhang zwischen den Riesz- und den Besselpotentialen gibt ein Lemma von STEIN [22] (vgl. BUTZER – NESSEL [8; Chap. 6]).

Lemma 2.3. *Sei $\alpha > 0$; dann existieren Maße $\mu_\alpha^{(i)} \in \mathsf{M}$, $i = 1, 2, 3$, so daß*

$$|v|^\alpha = (1 + |v|^2)^{\alpha/2}[d\mu_\alpha^{(1)}]\hat{}\,(v)$$
$$(1 + |v|^2)^{\alpha/2} = [d\mu_\alpha^{(2)}]\hat{}\,(v) + |v|^\alpha[d\mu_\alpha^{(3)}]\hat{}\,(v).$$

Hiermit können wir einfach beweisen (für andere Beweise vgl. [1], [11])

Lemma 2.4. *Für $0 < \alpha < k$ ist $G_\alpha \in \mathsf{Lip}\,(\alpha, k; 1)$; alle partiellen Ableitungen von G_α bis zur Ordnung $< \alpha$ existieren in der L^1-Norm.*

Beweis: i) Nach Lemma 2.3 ist

$$\frac{(e^{iu\cdot v}-1)^k}{(1+|v|^2)^{\alpha/2}} = \left(\frac{e^{iu\cdot v}-1}{|v|^{\alpha/k}}\right)^k [d\mu_\alpha^{(1)}]\hat{}\,(v)$$

und mithin nach dem Eindeutigkeitssatz und dem Faltungssatz der Fouriertransformation

$$\|\Delta_u^k G_\alpha\|_1 \leq \|m_{u,\alpha/k}\|_1^k \|d\mu_\alpha^{(1)}\|_1 = |u|^\alpha \|m_{u^\circ,\alpha/k}\|_1^k \|d\mu_\alpha^{(1)}\|_1.$$

ii) Für $\alpha \leqq 1$ ist die Behauptung trivial. Sei deshalb $\alpha > 1$ und m die größte ganze Zahl $< \alpha$. Wegen (2.2) genügt es nachzuweisen, daß $G_{\alpha/m}$ erste partielle Ableitungen in der L^1-Norm besitzt. Hierzu betrachten wir die Folge

$$f_{\varepsilon,k}(x) = C_*^{-1} \int_\varepsilon^\infty \eta^{-2} \Delta_{2\eta e^k}^3 G_{\alpha/m}(x - 3\eta e^k)\, d\eta,$$

wobei C_* bestimmt ist durch

$$C_* = (iv_k)^{-1} \int_0^\infty \eta^{-2} (e^{iv_k\eta} - e^{-iv_k\eta})^3\, d\eta.$$

Da nach Teil i) $G_{\alpha/m} \in \text{Lip}(\alpha/m, 3; 1)$ ist, bildet $f_{\varepsilon,k}$ für $\varepsilon \to 0+$ eine Cauchyfolge in L^1. Auf Grund der Vollständigkeit des Raumes L^1 existieren Funktionen $g_k \in L^1$ mit $\lim_{\varepsilon \to 0+} \|f_{\varepsilon,k} - g_k\|_1 = 0$. Dann ist aber

$$|(iv_k)[G_{\alpha/m}]\hat{\;}(v) - \hat{g_k}(v)|$$

$$= \lim_{\varepsilon \to 0+} |C_*^{-1} \int_\varepsilon^\infty \eta^{-2} (e^{iv_k\eta} - e^{-iv_k\eta})^3 [G_{\alpha/m}]\hat{\;}(v)\, d\eta - \hat{g_k}(v)|$$

$$\leqq \lim_{\varepsilon \to 0+} \|f_{\varepsilon,k} - g_k\|_1 = 0;$$

hieraus folgt jedoch der Rest der Behauptung (vgl. [13]), da

$$[\Delta_{\eta e^k} G_{\alpha/m}]\hat{\;}(v) = [\int_0^\eta g(x + \tau e^k)\, d\tau]\hat{\;}(v).$$

Bei unseren nachfolgenden Betrachtungen wird die Funktion

$$(2.3) \quad g_2(x) = \begin{cases} -\sum_{k=1}^2 \Delta_{e^k}^2 \log|x| & \text{für } n = 2 \\ \Gamma\left(\dfrac{n-2}{2}\right) 2^{(n-4)/2} \sum_{k=1}^n \Delta_{e^k}^2 |x|^{2-n} & \text{für } n \geqq 3 \end{cases}$$

beweistechnisch wesentlich eingehen. Wir haben

Lemma 2.5. *Die durch (2.3) gegebene Funktion g_2 ist integrierbar; weiter gilt*

$$\int g_2(x)\, dx = -(2\pi)^{n/2}, \quad \hat{g_2}(v) = |v|^{-2} \sum_{k=1}^n (e^{iv_k} - 1)^2.$$

Beweis: Ist $g_2 \in L^1$, so folgt z. B. nach [12; p. 157–158] die Darstellung der Fouriertransformierten und, da $\hat{g_2}$ stetig ist, aus $\lim_{|v| \to 0} \hat{g_2}(v) = -1$ sofort die Normierung. Offensichtlich ist g_2 lokal integrierbar, so daß nur das Verhalten von g_2 im Unendlichen interessiert. Sei $n \geqq 3$ (der Fall $n = 2$ wird analog behandelt); wir führen als Hilfsfunktion

$$(2.4) \quad g_2(x; \eta) = C \sum_{k=1}^n \Delta_{\eta e^k}^2 |x|^{2-n}$$

derart ein, daß $g_2(x; 1) = g_2(x)$ ist. Wir entwickeln $g_2(x; \eta)$ bei festem x an der Stelle $\eta = 0$ und errechnen

$$g_2(x; \eta)\Big|_{\eta=0} = \frac{d}{d\eta} g_2(x; \eta)\Big|_{\eta=0} = \frac{d^2}{d\eta^2} g_2(x; \eta)\Big|_{\eta=0} = 0.$$

Die dritte Differentiation ergibt schließlich die gewünschte Ordnung $O(|x|^{-n-1})$ im Unendlichen, so daß

$$\int_{|x|\geq 4} |g_2(x)|\,dx = \int_{|x|\geq 4} \frac{1}{2!}\left|\int_0^1 (1-\tau)^2 \frac{d^3}{d\eta^3} g_2(x;\tau)\,d\tau\right|dx$$

$$= O\left(\int_{|x|\geq 1} |x|^{-n-1}\,dx\right) < \infty.$$

Damit ist Lemma 2.5 vollständig bewiesen.

Mit Hilfe der Funktion g_2 können wir die Äquivalenz von Lipschitzräumen, die sich durch die Summe partieller Differenzen zweiter Ordnung auszeichnen, mit den Räumen L^p_{2m}, $m = 1, 2, \ldots$ nachweisen. Hierbei definieren wir für $\alpha > 0$

(2.5) $\quad L^p_\alpha = \left\{f \in L^p; f = G_\alpha * \begin{Bmatrix} d\mu \\ h \end{Bmatrix}\right\}$, wo $\mu \in M$ für $p = 1$, $h \in L^p$ für $1 < p \leq \infty$

und normieren L^p_α durch

(2.6) $\quad \|f\|_{1,\alpha} = \|d\mu\|_1$, $p = 1$, bzw. $\|f\|_{p,\alpha} = \|h\|_p$, $1 < p \leq \infty$.

Üblicherweise hätte man für $1 < p \leq \infty$ (entsprechend für $p = 1$) als Norm $\|f\|_p + \|h\|_p$ gewählt; jedoch ist wegen $\|f\|_p = \|G_\alpha * h\|_p \leq \|h\|_p$ die einfachere Wahl (2.6) vorzuziehen.

Da offensichtlich $\hat{G_\alpha} \in O_M$ ist, ist die Faltung $G_\alpha \in O'_C$ mit $\mu, h \in S'$ in S' sinnvoll, und wir erhalten eine Charakterisierung von L^p_α im fouriertransformierten Raum durch

$$L^p_\alpha = \{f \in L^p; (1+|v|^2)^{\alpha/2}\hat{f} = [d\mu]\hat{}, p = 1, \text{ bzw. } = \hat{h}, 1 < p \leq \infty\}.$$

3. Lipschitzbedingungen an f

Zunächst betrachten wir den Fall $\alpha = 2$ und definieren einen Lipschitzraum durch die Norm

(3.1) $\quad _2|||f|||_p = \|f\|_p + \sup_{\delta \neq 0} \|\delta^{-2} \sum_{k=1}^n \Delta^2_{\delta e_k} f\|_p.$

Satz 3.1. *Auf L^p_2, $1 \leq p \leq \infty$, sind $\|f\|_{p,2}$ und $_2|||f|||_p$ äquivalente Normen, i. e. es existieren Konstanten C_1 und C_2 mit*

$$C_1 \|f\|_{p,2} \leq {_2|||f|||_p} \leq C_2 \|f\|_{p,2}.$$

Beweis: Sei zunächst $\|f\|_{p,2} < \infty$; dann gilt für alle $\varphi \in S$

$$\langle \delta^{-2} \sum_{k=1}^n \Delta^2_{\delta e_k} f, \hat\varphi \rangle = \langle \delta^{-2} \sum_{k=1}^n (e^{i\delta v_k} - 1)^2 \hat f, \varphi \rangle$$

$$= \langle \delta^{-2} (1+|v|^2)^{-1} \sum_{k=1}^n (e^{i\delta v_k} - 1)^2 \begin{Bmatrix} [d\mu]\hat{} \\ \hat h \end{Bmatrix}, \varphi \rangle$$

Hierbei sind alle Operationen erlaubt, da $(1+|v|^2)^{-1}$, $(e^{i\delta v_k}-1)^2 \in O_M$ und somit ebenfalls das Produkt

$$_2\hat{g}(v) \equiv \delta^{-2}(1+|v|^2)^{-1}\sum_{k=1}^{n}(e^{i\delta v_k}-1)^2$$

zu O_M gehört. Mithin haben wir nach dem Faltungssatz

(3.2) $\quad \langle \delta^{-2}\sum_{k=1}^{n}\Delta^2_{\delta e_k}f,\, \hat{\varphi}\rangle = \langle {}_2g * \begin{Bmatrix}d\mu\\ h\end{Bmatrix},\, \hat{\varphi}\rangle \qquad (\varphi\in S).$

Über $_2g\in O'_C$ hinaus ist $_2g$ sogar eine L^1-Funktion, denn aus der Darstellung der Fouriertransformierten $_2\hat{g}$ und den Lemmata 2.3 und 2.5 folgt

$$\|_2g\|_1 \leq \|d\mu_2^{(1)}\|_1\, \|\delta^{-n}g_2(\delta^{-1}x)\|_1 = \|d\mu_2^{(1)}\|_1\, \|g_2\|_1 < \infty.$$

Da es sich also auf beiden Seiten von (3.2) um reguläre Distributionen handelt, folgt insbesondere

(3.3) $\quad \delta^{-2}\sum_{k=1}^{n}\Delta^2_{\delta e_k}f(x) = {}_2g * \begin{Bmatrix}d\mu\\ h\end{Bmatrix}(x) \qquad$ f. ü.

und hieraus mit der üblichen Normabschätzung unter Beachtung von

(3.4) $\quad \|f\|_p = \|G_2 * \begin{Bmatrix}d\mu\\ h\end{Bmatrix}\|_p \leq \|f\|_{p,2}$

die gewünschte Relation

$$_2\|\|f\|\|_p \leq \|f\|_p + \|d\mu_2^{(1)}\|_1\, \|g_2\|_1\, \|f\|_{p,2} \leq C_2\|f\|_{p,2}.$$

Ist nun umgekehrt $_2\|\|f\|\|_p < \infty$, so folgt insbesondere

$$\|\delta^{-2}\sum_{k=1}^{n}\Delta^2_{\delta e_k}f\|_p = O(1).$$

Dann existiert auf Grund der schwachen* Kompaktheit eine Teilfolge $\{\delta_m\}$, wobei wir δ_m wieder durch δ ersetzen, und ein Maß $\mu\in M$ im Falle $p=1$, bzw. eine Funktion $g\in L^p$, falls $1<p\leq\infty$, so daß

(3.5) $\quad \lim_{\delta\to 0} -\int \delta^{-2}\sum_{k=1}^{n}\Delta^2_{\delta e_k}f(x)h(x)\,dx = \int h(x)\begin{Bmatrix}d\mu(x)\\ g(x)\,dx\end{Bmatrix}$

für alle $h\in C_0$, falls $p=1$, bzw. für alle $h\in L^{p'}$, falls $1<p\leq\infty$; und insbesondere

(3.6) $\quad \left\|\begin{Bmatrix}d\mu\\ g\end{Bmatrix}\right\|_p \leq \sup_{\delta\neq 0}\|\delta^{-2}\sum_{k=1}^{n}\Delta^2_{\delta e_k}f\|_p.$

Speziell gilt nun für $\varphi\in S$

$$\lim_{\delta\to 0}\langle -\delta^{-2}\sum_{k=1}^{n}\Delta^2_{\delta e_k}f,\, \hat{\varphi}\rangle = \langle \begin{Bmatrix}d\mu\\ g\end{Bmatrix},\, \hat{\varphi}\rangle = \langle \begin{Bmatrix}[d\mu]\hat{}\\ \hat{g}\end{Bmatrix},\, \varphi\rangle$$

$$= \lim_{\delta\to 0}\langle -\delta^{-2}\sum_{k=1}^{n}(e^{i\delta v_k}-1)^2\hat{f},\, \varphi\rangle = \langle |v|^2\hat{f},\, \varphi\rangle.$$

Letztere Gleichheit ist gültig, da

$$-\delta^2 \sum_{k=1}^n (e^{i\delta v_k} - 1)^2 \varphi(v) \to |v|^2 \varphi(v)$$

im Sinne von **S** für $\delta \to 0$ konvergiert, denn es gilt

$$|\delta^{-2}(e^{i\delta v_k} - 1)^2 + v_k^2| \leq |\delta|\, (2\,|v_k|^3 + v_k^4) \qquad (1 \leq k \leq n)$$

und entsprechende Abschätzungen für die Ableitungen dieses Ausdrucks. Damit erhalten wir die Beziehung

$$\langle (1+|v|^2) f\hat{\,}, \varphi \rangle = \left\langle \left\{ \begin{matrix} [d\mu + f]\hat{\,} \\ [g+f]\hat{\,} \end{matrix} \right\}, \varphi \right\rangle$$

für alle $\varphi \in \mathbf{S}$, insbesondere für die der Form $(1+|v|^2)\varphi(v) = \psi(v)$, $\psi \in \mathbf{S}$; dies gibt aber unmittelbar

$$\langle f, \psi\hat{\,} \rangle = \left\langle G_2 * \left\{ \begin{matrix} d\mu + f \\ g+f \end{matrix} \right\}, \psi\hat{\,} \right\rangle \qquad (\psi \in \mathbf{S}).$$

Da es sich wiederum auf beiden Seiten um reguläre Distributionen handelt, folgt also mit (3.6)

$$\|f\|_{p,2} \equiv \left\| \left\{ \begin{matrix} d\mu + f \\ g+f \end{matrix} \right\} \right\|_p \leq \|f\|_p + \sup_{\delta \neq 0} \|\delta^{-2} \sum_{k=1}^n \Delta^2_{\delta e^k} f\|_p \equiv {}_2|||f|||_p.$$

Da L^p_α unter $\|f\|_{p,\alpha}$ ein Banachraum ist, haben wir insbesondere mit Satz 3.1 gezeigt, daß durch ${}_2|||f|||_p$ ein Banachunterraum von L^p bestimmt wird, der wegen (3.1) stetig in L^p eingebettet ist.

Bemerkung 3.2. Für $n = 1$ fallen die aufsummierten zweiten Differenzen mit der gewöhnlichen zweiten Differenz zusammen, und die Charakterisierung (3.1) geht ganz natürlich in die entsprechende eindimensionale Bedingung über, die von BUTZER [4], [5] abgeleitet wurde. Für $n = 2$, $p = 1$ ist mit anderen Methoden die (bis auf eine Orthogonaltransformation des Argumentes um 45°) gleiche Charakterisierung von BERENS-NESSEL [3] gegeben worden.

Satz 3.1 löst ein Problem, das bei der Behandlung des Saturationsproblems des Weierstraßintegrals entstanden und seit längerer Zeit offen war. Hierbei bewies NESSEL [17], [18], daß z. B. für $p = 1$ die Favardklasse des Weierstraßverfahrens durch $|v|^2 f\hat{\,}(v) = [d\mu]\hat{\,}(v)$ ($f \in \mathsf{L}^1$, $\mu \in \mathsf{M}$) charakterisiert wird. Es entstand die Aufgabe, diese Beziehung in eine Bedingung an f selbst umzuwandeln. Als hinreichend war die Bedingung $\sum \|\delta^{-2} \Delta^2_{\delta e^k} f\|_1 = O(1)$ bekannt; jedoch ist es unseres Wissens nach nicht bekannt, ob diese auch notwendig ist oder nicht. Als Beispiel dafür, daß $\sum \|\delta^{-2} \Delta^2_{\delta e^k} f\|_1 = O(1)$ nicht notwendig ist, könnte sich vermutlich der Besselkern $G_2 \in \mathsf{L}^1_2$ erweisen; jedoch ist es dem Verfasser nicht gelungen, umfangreiche Rechnungen zum Erfolg zu führen.

Mit (3.1) haben wir die Bedingung $\sum \|\Delta^2_{\delta e^k}\|_p = O(\delta^2)$ abgeschwächt zu $\|\sum \Delta^2_{\delta e^k} f\|_p = O(\delta^2)$, die in dieser Form nach Satz 3.1 notwendig und hinreichend dafür ist, daß ein Element $f \in \mathsf{L}^p$ zur Favardklasse des Weierstraßintegrals gehört (vgl. [13]).

Im Falle $1 < p < \infty$ wollen wir nun die Aussage von Satz 3.1 mit bekannten Ergebnissen vergleichen und diese u. a. mit Hilfe von Satz 3.1 beweisen. Nach GÖRLICH [13] gilt

Satz 3.3. *Für* $f \in L^p$, $1 < p < \infty$, *sind folgende Aussagen äquivalent*:

a) $f \in L_2^p$;

b) $\|\Delta_{\delta e^k}^2 f\|_p = O(\delta^2)$, $1 \leq k \leq n$;

c) $\|\Delta_u^2 f\|_p = O(|u|^2)$;

d)   *die partiellen Ableitungen* $(\partial/\partial x_k) f$ *und* $(\partial^2/\partial x_k \partial x_l) f$, $1 \leq k, l \leq n$, *existieren im starken Sinne*.

Beweis: Wegen

(3.7) $\quad \sup_{\delta \neq 0} \|\delta^{-2} \sum_{k=1}^n \Delta_{\delta e^k}^2 f\|_p \leq \sum_{k=1}^n \sup_{\delta \neq 0} \|\delta^{-2} \Delta_{\delta e^k}^2 f\|_p \leq n \sup_{|u| \neq 0} \||u|^{-2} \Delta_u^2 f\|_p$

folgt mit Satz 3.1 die Richtung c) ⇒ b) ⇒ a). Um den Ringschluß zu vervollständigen, brauchen wir nur noch a) ⇒ d) ⇒ c) nachzuweisen.
Setzen wir hierzu $f \in L_2^p$ voraus, so beweisen wir Eigenschaft d) mittels eines Multiplikatorensatzes von Marcinkiewicz-Mikhlin (vgl. [11]): *Genügt eine Funktion* $\varphi \in O_M$ *der Bedingung*

$$|v|^{|j|} |D^j \varphi(v)| \leq A \quad \textit{für} \quad 0 \leq j_k \leq 1, \ 0 \leq |j| \leq n,$$

dann ist der Operator P – *definiert durch* $[Pf]\hat{\ } = \varphi(v) f\hat{\ }$ – *beschränkt auf* L^p, $1 < p < \infty$, *und hat eine Norm* $\leq A C_p$.

In unserem Falle bilden wir

(3.8) $\quad [\delta^{-1} \Delta_{\delta e^k} f]\hat{\ } = \dfrac{e^{i\delta v_k} - 1}{i \delta v_k} \dfrac{i v_k}{(1 + |v|^2)^{1/2}} [G_1 * h]\hat{\ }$

$\qquad\qquad\quad = [\delta^{-1} \int_0^\delta P_k G_1 * h(x + \tau e^k) \, d\tau]\hat{\ },$

wobei $\varphi_k(v) = (iv_k)(1 + |v|^2)^{-1/2}$ gerade die Bedingung des Satzes von Mikhlin erfüllt und somit $P_k G_1 * h \in L^p$. Aus (3.8) ergibt sich nun unmittelbar die Existenz erster partieller Ableitungen in der L^p-Norm mit $(\partial/\partial x_k) f = P_k G_1 * h$.
Analog folgt aus $\{\varphi_{k,l}(v) = (iv_k)(iv_l)(1 + |v|^2)^{-1}\}$

$[\delta^{-1} \Delta_{\delta e^l} (\partial/\partial x_k) f]\hat{\ } = \dfrac{e^{i\delta v_l} - 1}{i \delta v_l} \dfrac{(iv_k)(iv_l)}{1 + |v|^2} h\hat{\ } = [\delta^{-1} \int_0^\delta P_{k,l} h(x + \tau e^l) \, d\tau]\hat{\ }$

der Rest der Aussage d) mit $(\partial^2/\partial x_k \partial x_l) f = P_{k,l} h$. Aus dieser Darstellung gewinnen wir mit dem Satz von Mikhlin die Abschätzung

(3.9) $\quad \|(\partial^2/\partial x_k \partial x_l) f\|_p = \|P_{k,l} h\|_p \leq A C_{p,k,l} \|h\|_p = C \|f\|_{p,2}.$

Zum Nachweis der Richtung d) ⇒ c) formen wir $\langle \Delta_u^2 f, \varphi \rangle = \langle f, \Delta_{-u}^2 \varphi \rangle$ für $\varphi \in S$, entwickeln $\Delta_{-u}^2 \varphi$ nach der Taylorformel und erhalten mit $j = e^k + e^l$

$\langle f, \Delta_{-u}^2 \varphi \rangle = \int f(x) \sum_{k,l=1}^n u_k u_l \int_0^1 (1 - \tau) \{4 D^j \varphi(x - 2\tau u)$

$\qquad\qquad\qquad\qquad\qquad\qquad\qquad\qquad - 2 D^j \varphi(x - \tau u)\} \, d\tau \, dx.$

Eine Vertauschung der Integrationsfolge ist wegen der absoluten Konvergenz des Doppelintegrals ($f \in L^p$, $D^j \varphi \in L^{p'}$) nach dem Satz von Fubini erlaubt. Da wegen $\varphi \in S$ die Ableitungen $D^j \varphi$ auch im starken Sinne existieren, ist nach Voraussetzung d) ein Überwälzen des Operators D^j von φ auf f erlaubt, und wir erhalten nach einer erneuten Vertauschung der Integrationsfolge

$$\langle \Delta_u^2 f, \varphi \rangle = \langle \sum_{k,l=1}^{n} u_k u_l \int_0^1 (1-\tau) \{4 D^{ij} f(\cdot + 2\tau u) - 2 D^{ij} f(\cdot + \tau u)\} d\tau, \varphi \rangle$$

für alle $\varphi \in S$ und hieraus gerade c):

$$\| |u|^{-2} \Delta_u^2 f \|_p \leq 6 \sum_{l,k=1}^{n} \|(\partial^2/\partial x_k \partial x_l) f\|_p.$$

Implizit haben wir also bewiesen

Folgerung 3.4. *Auf L_2^p, $1 < p < \infty$, sind folgende Normen äquivalent:*

a) $\|f\|_{p,2}$;

b) $\|f\|_p + \sup\limits_{\delta \neq 0} \| \delta^{-2} \sum\limits_{k=1}^{n} \Delta_{\delta e^k}^2 f \|_p$;

c) $\|f\|_p + \sum\limits_{k=1}^{n} \sup\limits_{\delta \neq 0} \| \delta^{-2} \Delta_{\delta e^k}^2 f \|_p$;

d) $\|f\|_p + \sup\limits_{|u| \neq 0} \| |u|^{-2} \Delta_u^2 f \|_p \qquad (u \in E_n)$;

e) $\|f\|_p + \sum\limits_{k,l=1}^{n} \|(\partial^2/\partial x_k \partial x_l) f\|_p$.

Bemerkung 3.5. In Satz 3.1 haben wir Wert darauf gelegt, eine Normabschätzung für $\delta^{-2} \sum \Delta_{\delta e^k}^2 f$ zu erhalten. Statt dessen können wir aus (3.3) auch eine (schwache) Konvergenzaussage ableiten. Gelte also $f \in L_2^p$, so ist nach (3.3)

$$\int \delta^{-2} \sum_{k=1}^{n} \Delta_{\delta e^k}^2 f(x) g(x) dx = \int \delta^{-n} g_2(\delta^{-1} y) * d\mu_2^{(1)} * \begin{Bmatrix} d\mu \\ h \end{Bmatrix} (x) g(x) dx$$

für alle $g \in L^{p'}$ im Falle $1 < p \leq \infty$, bzw. für alle $g \in C_0$ (g stetig und im Unendlichen verschwindend) im Falle $p = 1$. Auf der rechten Seite können wir die Faltung mit $\delta^{-n} g_2(\delta^{-1} y)$ von $d\mu_2^{(1)} * \begin{Bmatrix} d\mu \\ h \end{Bmatrix}$ auf g abwälzen. Beachten wir ferner, daß auf Grund unserer Wahl g im p'-ten Mittel, $1 \leq p' \leq \infty$, stetig ist, so folgt wegen Lemma 2.5 mit einem Standardargument

$$\lim_{\delta \to 0} \| - \delta^{-n} g_2(-\delta^{-1} y) * g - g \|_{p'} = 0.$$

Deshalb existiert im Falle $p = 1$ ein Maß $\nu \in M$, nämlich $d\nu = - d\mu_2^{(1)} * d\mu$, bzw. im Falle $1 < p \leq \infty$ eine Funktion $h^* \in L^p$, nämlich $h^* = - d\mu_2^{(1)} * h$, mit

$$(3.10) \qquad \lim_{\delta \to 0} \int \delta^{-2} \sum_{k=1}^{n} \Delta_{\delta e^k}^2 f(x) g(x) dx = \int g(x) \begin{Bmatrix} d\nu(x) \\ h^*(x) dx \end{Bmatrix},$$

i. e. wir erhalten die gewünschte schwache (bzw. schwache*) Konvergenzaussage für die Summe der partiellen Differenzen zweiter Ordnung von f.

Diese Aussage können wir zu einer Normkonvergenzaussage verstärken, wenn wir zusätzlich im Falle $p=1$ das Maß als absolut stetig und im Falle $p=\infty$ die Funktion h als gleichmäßig stetig voraussetzen. Denn dann existiert – zu oben ganz analog – eine Funktion $h^* \in L^p$, $1 \leq p \leq \infty$, wobei h^* gleichmäßig stetig im Falle $p=\infty$ ist, nämlich $h^* = -d\mu_2^{(1)} * h$, mit

(3.11) $\quad \lim\limits_{\delta \to 0} \| \delta^{-2} \sum\limits_{k=1}^{n} \Delta^2_{\delta e^k} f - h^* \|_p = 0 \qquad (1 \leq p \leq \infty)$.

Umgekehrt folgt aus (3.10) die Aussage $f \in L_2^p$, $1 \leq p \leq \infty$, wenn man den entsprechenden Beweisteil zu Satz 3.1 geeignet modifiziert. Ebenfalls ergibt sich aus (3.11) $f \in L_2^p$, wobei im Falle $p=1$ das Maß absolut stetig und im Falle $p=\infty$ die Funktion h gleichmäßig stetig sind [vgl. (2.5)].

Formel (3.11) legt uns nun eine Interpretation des distributionentheoretischen Laplaceoperators durch einen klassischen Grenzwert nahe.

Hierzu gehen wir zunächst von der partiellen Ableitung einer temperierten Distribution $T \in \mathsf{S}'$ bezüglich der k-ten Variablen aus:

(3.12) $\quad \lim\limits_{\delta \to 0} \langle \delta^{-1} \{\tau_{\delta e^k} T - T\}, \varphi \rangle = \langle (\partial/\partial x_k) T, \varphi \rangle \qquad (\varphi \in \mathsf{S})$,

wobei der Verschiebungsoperator $\tau_{\delta e^k}$ durch $\langle \tau_{\delta e^k} T, \varphi \rangle = \langle T, \varphi(x - \delta e^k) \rangle$ für alle $\varphi \in \mathsf{S}$ definiert sei. Sind T und $(\partial/\partial x_k) T$ reguläre Distributionen, so gelangen wir zu der Darstellung ($T = f$, $(\partial/\partial x_k) T = g$)

(3.13) $\quad \lim\limits_{\delta \to 0} \int \delta^{-1} \{f(x + \delta e^k) - f(x)\} \varphi(x) \, dx = \int g(x) \varphi(x) \, dx \qquad (\varphi \in \mathsf{S})$.

Aus Vereinfachungsgründen beschränken wir uns nun auf den Fall $p=1$; sind f, $g \in L^1$, so stellt (3.13) die Definition der schwachen partiellen Ableitung von f dar, falls (3.13) für alle $\varphi \in C_0$ gültig ist. Unter den hier gemachten Voraussetzungen läßt sich aus (3.13) dann die starke partielle Ableitung von f gewinnen:

(3.14) $\quad \lim\limits_{\delta \to 0} \| \delta^{-1} \{f(x + \delta e^k) - f(x)\} - (\partial/\partial x_k) f \|_1 = 0$,

wobei $(\partial/\partial x_k) f = g$ ist. Gilt – bei iterativer Anwendung – in diesem Sinne $(\partial^2/\partial x_k^2) f \in L^1$, $1 \leq k \leq n$, so folgt recht einfach die Existenz einer Funktion h mit $f = G_2 * h$; die Umkehrung ist – wie bereits erwähnt – nicht bekannt. Andererseits haben wir implizit bewiesen, daß Δf (definiert im distributionentheoretischen Sinne) unter der Voraussetzung $f = G_2 * h$, $h \in L^1$ als reguläre Distribution aus L^1 existiert und umgekehrt. In Anbetracht der Beziehung (3.11) erweitern wir deshalb die Definition des Laplaceoperators (der üblicherweise für genügend glatte Funktionen durch

$$\Delta \varphi(x) = \sum_{k=1}^{n} (\partial^2/\partial x_k^2) \varphi(x)$$

– $(\partial^2/\partial x_k^2)$ im Sinne von punktweisen Ableitungen – definiert wird) zu

(3.15) $\quad \Delta f = \text{s-lim}\limits_{\delta \to 0} \delta^{-2} \sum\limits_{k=1}^{n} \Delta^2_{\delta e^k} f$,

soweit der Grenzwert existiert. Unter den Voraussetzungen f, $\Delta f \in L^1$ (Δ im distributionentheoretischen Sinne) haben wir also mit (3.15) eine Interpretation des distributionentheoretischen Laplaceoperators im klassischen Rahmen gefunden. Es ist zu betonen, daß die Definition (3.15) schwächer ist als diejenige, die $\sum (\partial^2/\partial x_k^2) f$ in dem Sinne interpretiert, daß jeder einzelne Summand $(\partial^2/\partial x_k^2) f$ im starken Sinne existiert. Für eine ausführliche Diskussion der Erweiterung (3.15) im Zusammenhang mit dem infinitesimalen Erzeuger der Weierstraß-Halbgruppe (vgl. BUTZER – BERENS [6; p. 261]) vergleiche man TREBELS [24; p. 85]. Entsprechende Überlegungen können wir auch für die Definition eines Laplaceoperators im schwachen Sinne anstellen.

Als nächstes wollen wir uns mit dem Fall höherer geradzahliger α-Werte beschäftigen, ohne eventuelle Differenzierbarkeitseigenschaften von f zu berücksichtigen. Wir erklären iterativ für $l = 1, 2, \ldots$

$$(\sum_{k=1}^{n} \Delta_{\delta e^k}^2)^l f(x) = \sum_{k=1}^{n} \Delta_{\delta e^k}^2 ((\sum_{k=1}^{n} \Delta_{\delta e^k}^2)^{l-1} f)(x), \quad (\sum_{k=1}^{n} \Delta_{\delta e^k}^2)^0 f(x) = f(x).$$

Satz 3.6. *Auf* L_{2m}^p, $1 \leq p \leq \infty$, $m = 2, 3, \ldots$ *sind folgende Normen äquivalent*:

a) $\quad \|f\|_{p, 2m}$;

b) $\quad \sum_{l=0}^{m} \sup_{\delta \neq 0} \|(\delta^{-2} \sum_{k=1}^{n} \Delta_{\delta e^k}^2)^l f\|_p$;

c) $\quad \|f\|_p + \sup_{\delta \neq 0} \|(\delta^{-2} \sum_{k=1}^{n} \Delta_{\delta e^k}^2)^m f\|_p$.

Beweis: Offensichtlich gilt

$$\|f\|_p + \sup_{\delta \neq 0} \|(\delta^{-2} \sum_{k=1}^{n} \Delta_{\delta e^k}^2)^m f\|_p \leq \sum_{l=0}^{m} \sup_{\delta \neq 0} \|(\delta^{-2} \sum_{k=1}^{n} \Delta_{\delta e^k}^2)^l f\|_p.$$

Um die rechte Seite durch $C \|f\|_{p, 2m}$ abzuschätzen, gehen wir wie im Beweis zu Satz 3.1 vor. Dem iterierten Differenzenoperator entspricht

$$(\delta^{-2} \sum_{k=1}^{n} \Delta_{\delta e^k}^2)^l \sim (\delta^{-2} \sum_{k=1}^{n} (e^{i \delta v_k} - 1)^2)^l$$

die rechts aufgeführte O_M-Funktion im fouriertransformierten Raum; aus der Voraussetzung $f \in \mathsf{L}_{2m}^p$ folgt ferner $f \in \mathsf{L}_{2l}^p$, $0 \leq l \leq m$, und, da $G_2 \in \mathsf{L}^1 \cap \mathsf{O}_C'$ ist, $\|f\|_{p, 2l} \leq \|f\|_{p, 2m}$. Analog zu (3.2) erhalten wir

$$\langle (\delta^{-2} \sum_{k=1}^{n} \Delta_{\delta e^k}^2)^l f, \varphi^\wedge \rangle = \langle \underbrace{{}_2 g \ast \cdots \ast {}_2 g}_{l\text{-fach}} \ast G_{2(m-l)} \ast \left\{ \frac{d\mu}{h} \right\}, \varphi^\wedge \rangle, \quad \varphi \in \mathsf{S}$$

und hieraus, da auf beiden Seiten reguläre Distributionen stehen,

$$\|(\delta^{-2} \sum_{k=1}^{n} \Delta_{\delta e^k}^2)^l f\|_p \leq \|d\mu_{2l}^{(1)}\|_1 \|g_2\|_1^l \|f\|_{p, 2l} \leq C_l \|f\|_{p, 2m}$$

für $0 \leq l \leq m$, und damit auch die gewünschte Abschätzung für die Summe über l. Es bleibt also noch, die Norm in a) durch die in c) abzuschätzen. Zu diesem Zwecke untersuchen wir zunächst die Maße $\mu_\alpha^{(i)} \in \mathsf{M}$, $1 \leq i \leq 3$, aus Lemma 2.3 im Spezialfall $\alpha = 2m$, $m = 2, 3, \ldots$ Wir wollen zeigen, daß $[d\mu_{2m}^{(i)}]^\wedge(v) \in \mathsf{O}_M$ gilt. Für $i = 1$ ist dies aus der Darstellung $|v|^{2m}(1+|v|^2)^{-m} = [d\mu_{2m}^{(1)}]\hat{\ }(v)$ sofort einsichtig. Für $i = 2, 3$ müssen wir dagegen den Beweis der Relation

$$(1+|v|^2)^m = [d\mu_{2m}^{(2)}]\hat{\ }(v) + |v|^{2m}[d\mu_{2m}^{(3)}]\hat{\ }(v)$$

verfolgen (vgl. BUTZER – NESSEL [8; Chap. 6]). Es gilt

$$(1+|v|^2) - |v|^2\left(\frac{|v|^2}{1+|v|^2}\right)^{m-1} = \sum_{k=0}^{m-1}\binom{m}{k}[d\mu_{2k}^{(1)}]\hat{\ }(v)(1+|v|^2)^{k+1-m};$$

die Summe gehört nun als Linearkombination von O_M-Funktionen wieder zu O_M und überdies zum Raum der Fourier-Stieltjestransformierten. Multiplizieren wir diese Gleichung m-fach mit sich selbst, so existiert nach dem Faltungssatz ein Maß $\mu_{2m}^{(2)} \in M$ mit $[d\mu_{2m}^{(2)}]\hat{\ }(v) \in O_M$ derart, daß

$$[d\mu_{2m}^{(2)}]\hat{\ }(v) = \left[(1+|v|^2) - |v|^2\left(\frac{|v|^2}{1+|v|^2}\right)^{m-1}\right]^m$$

$$= (1+|v|^2)^m - |v|^{2m}\sum_{k=1}^{m}(-1)^{k+1}\binom{m}{k}\left(\frac{|v|^2}{1+|v|^2}\right)^{m(k-1)}.$$

Die durch die Summe definierte Funktion gehört wieder zu O_M und ist überdies die Transformierte eines Maßes $\mu_{2m}^{(3)} \in M$, was wir beweisen wollten.
Nun gilt offensichtlich

$$\sup_{\delta \neq 0}\|d\mu_{2m}^{(2)} * f + (-\delta^{-2}\sum_{k=1}^{n}\Delta_{\delta e_k}^2)^m d\mu_{2m}^{(3)} * f\|_p$$

$$\leq (\|d\mu_{2m}^{(2)}\|_1 + \|d\mu_{2m}^{(3)}\|_1)\{\|f\|_p + \sup_{\delta \neq 0}\|(\delta^{-2}\sum_{k=1}^{n}\Delta_{\delta e_k}^2)^m f\|_p < \infty;$$

deshalb existiert auf Grund der schwachen* Kompaktheit eine Teilfolge $\{\delta_m\} = \{\delta\}$ und ein Maß $\mu \in M$, $p = 1$, bzw. eine Funktion $g \in L^p$, $1 < p \leq \infty$, so daß gilt

$$\lim_{\delta \to 0}\langle d\mu_{2m}^{(2)} * f + (-\delta^{-2}\sum_{k=1}^{n}\Delta_{\delta e_k}^2)^m d\mu_{2m}^{(3)} * f, \varphi\hat{\ }\rangle = \langle \begin{Bmatrix}d\mu \\ g\end{Bmatrix}, \varphi\hat{\ }\rangle$$

$$= \langle \begin{Bmatrix}[d\mu]\hat{\ } \\ g\hat{\ }\end{Bmatrix}, \varphi\rangle$$

$$\lim_{\delta \to 0}\langle ([d\mu_{2m}^{(2)}]\hat{\ } + (-\delta^{-2}\sum_{k=1}^{n}(e^{i\delta v_k}-1)^2)^m [d\mu_{2m}^{(3)}]\hat{\ })f\hat{\ }, \varphi\rangle$$

$$= \langle (1+|v|^2)^m f\hat{\ }, \varphi\rangle.$$

Letztere Gleichheit gilt nach Lemma 2.3, da $d\mu_{2m}^{(3)} * f$ in S' erklärt ist und da

$$(-\delta^2 \sum_{k=1}^{n}(e^{i\delta v_k}-1)^2)^m \varphi(v) \to |v|^{2m}\varphi(v)$$

im Sinne von S für $\delta \to 0$ konvergiert. Also folgt wie im Beweis zu Satz 3.1 die Existenz einer Konstanten mit

$$\|f\|_{p,2m} \leq C\{\|f\|_p + \sup_{\delta \neq 0}\|(\delta^{-2}\sum_{k=1}^{n}\Delta_{\delta e_k}^2)^m f\|_p\}.$$

4. Lipschitzbedingungen an Ableitungen von f

Aussage d) von Satz 3.3 und die anschließende Diskussion legt es nahe zu untersuchen, ob eine Charakterisierung von $f \in L_2^p$ mittels Lipschitzbedingungen an Ableitungen von f nicht sinnvoll ist. Denn ohne den Multiplikatorensatz von Marcinkiewicz-Mikhlin können wir mit Hilfe von Lemma 2.4 auf die Existenz partieller Ableitungen (nichtoptimaler Ordnung) in der Norm schließen; z. B. folgt für $f \in L_2^p$, $1 \leq p \leq \infty$, und $\delta \to 0$

$$\|\delta^{-1}\{f(x+\delta e^k)-f(x)\} - (\partial/\partial x_k)f(x)\|_p$$
$$\leq \|\delta^{-1}\{G_2(x+\delta e^k)-G_2(x)\} - (\partial/\partial x_k)G_2(x)\|_1 \|f\|_{p,2} = o(1).$$

Analog kann man sukzessive aus $f \in L_\alpha^p$, $\alpha > 1$ und $1 \leq p \leq \infty$, auf Ableitungen von f in der Norm bis zur Ordnung $< \alpha$ schließen und erhält überdies die Abschätzung

(4.1) $\quad \|D^j f\|_p \leq C_{j,\alpha} \|f\|_{p,\alpha} \qquad (0 \leq |j| < \alpha).$

Die Stelle der Funktion g_2 aus (2.3) nimmt in den nachfolgenden Betrachtungen die Funktion

(4.2) $\quad g_1(x) = 2^{(n-2)/2} \Gamma(n/2) \sum_{k=1}^{n} \Delta_{e^k} x_k / |x|^n,$

die im wesentlichen (bis auf eine Konstante und eine Verschiebung in η) mit der ersten Ableitung von $g_2(x;\eta)$ nach η [vgl. (2.4)] an der Stelle $\eta = 1$ zusammenfällt. Mithin verhält sich g_1, wie aus dem Beweis zu Lemma 2.5 ersichtlich, für große $|x|$ wie $O(|x|^{-n-1})$. Da überdies g_1 lokal integrierbar ist, haben wir

Lemma 4.1. g_1, durch (4.2) gegeben, ist integrierbar. Weiter gilt

$$\int g_1(x)\,dx = (2\pi)^{n/2}, \quad \hat{g_1}(v) = |v|^{-2} \sum_{k=1}^{n} (-iv_k)(e^{iv_k}-1).$$

Die Darstellung von $\hat{g_1}$ folgt nun, da für $T \in \mathsf{S}'$ allgemein $[\partial/\partial x_k T]\hat{}\, = (iv_k) T\hat{}$ gilt, auf Grund der Konsistenz der klassischen und der distributionentheoretischen Fouriertransformation sofort aus [12; p. 157–158]; der Grenzübergang $|v| \to 0$ der stetigen Funktion $\hat{g_1}$ gibt dann wiederum die Normierung.

Satz 4.2. *Auf L_2^p, $1 \leq p \leq \infty$, haben wir neben $\|f\|_{p,2}$ und $_2|||f|||_p$ als weitere äquivalente Norm*

$$_2|||f|||_p^* = \|f\|_p + \sup_{\delta \neq 0} \|\delta^{-1} \sum_{k=1}^{n} \Delta_{\delta e^k}(\partial/\partial x_k)f\|_p.$$

Beweis: Sei zunächst $\|f\|_{p,2} < \infty$. Dann existieren nach (4.1) die ersten partiellen Ableitungen von f in der L^p-Norm, und für alle $\varphi \in \mathsf{S}$ gilt

(4.3) $\quad \langle -\delta^{-1} \sum_{k=1}^{n} \Delta_{\delta e^k}(\partial/\partial x_k)f, \hat{\varphi}\rangle = \langle -\delta^{-1} \sum_{k=1}^{n}(e^{i\delta v_k}-1)(iv_k)\hat{f}, \varphi\rangle$

$$= \langle _1\hat{g} \left\{\frac{[d\mu]\hat{}}{\hat{b}}\right\}, \varphi\rangle = \langle _1 g * \left\{\frac{d\mu}{b}\right\}, \hat{\varphi}\rangle,$$

wobei wir die Voraussetzung $f \in L_2^p$ eingesetzt und $_1\hat{g}$ durch

$$_1\hat{g}(v) = [\delta(1+|v|^2)]^{-1} \sum_{k=1}^{n} (-iv_k)(e^{i\delta v_k} - 1)$$

erklärt haben. Da offensichtlich $_1\hat{g} \in O_M$ ist, ist unsere Setzung sinnvoll, und die Faltung $_1g * \left\{\dfrac{d\mu}{h}\right\}$ existiert in S'. Nun ist sogar $_1g \in L^1$; denn wie im Beweis zu Satz 3.1 folgt mit Lemma 2.3 ($\alpha = 2$) und Lemma 4.1

$$\|_1g\|_1 = \|\delta^{-n} g_1(\delta^{-1} y) * d\mu_2^{(1)}\|_1 \leq \|g_1\|_1 \|d\mu_2^{(1)}\|_1.$$

Mithin handelt es sich im ersten und letzten Term von (4.3) um reguläre Distributionen, die wir wie üblich abschätzen zu

$$\|\delta^{-1} \sum_{k=1}^{n} \Delta_{\delta e_k}(\partial/\partial x_k) f\|_p \leq \|g_1\|_1 \|d\mu_2^{(1)}\|_1 \|f\|_{p,2}.$$

Da diese Relation für alle $\delta \in E$ gilt, folgt hieraus mit (3.4) gerade $_2\||f\||_p^* \leq C \|f\|_{p,2}$. Die Umkehrung verläuft ganz analog zu dem entsprechenden Schritt im Beweis zu Satz 3.1.

Offensichtlich gilt eine Bemerkung 3.5 analoge Erklärung; insbesondere ersehen wir im Falle $p=1$ bei absoluter Stetigkeit des Maßes, daß die Modifizierung des Laplaceoperators Δ, der üblicherweise durch $\Delta = \sum_{k=1}^{n} (\partial/\partial x_k)^2$ gegeben wird, nur die »bestmögliche« Differentiationsordnung betrifft.

Für höhere geradzahlige α-Werte können wir statt der Normen b) und c) aus Satz 3.6 auch folgende einführen:

(4.4) i) $\quad \sum_{l=0}^{m-1} \|\Delta^l f\|_p + \sup_{\delta \neq 0} \|\delta^{-1} \sum_{k=1}^{n} \Delta_{\delta e_k}(\partial/\partial x_k) \Delta^{m-1} f\|_p;$

ii) $\quad \|f\|_p + \sup_{\delta \neq 0} \|\delta^{-1} \sum_{k=1}^{n} \Delta_{\delta e_k}(\partial/\partial x_k) \Delta^{m-1} f\|_p;$

iii) $\quad \sum_{l=0}^{m-1} \|\Delta^l f\|_p + \sup_{\delta \neq 0} \|\delta^{-2} \sum_{k=1}^{n} \Delta_{\delta e_k}^2 \Delta^{m-1} f\|_p;$

iv) $\quad \|f\|_p + \sup_{\delta \neq 0} \|\delta^{-2} \sum_{k=1}^{n} \Delta_{\delta e_k}^2 \Delta^{m-1} f\|_p.$

Satz 4.3. *Auf* L_{2m}^p, $1 \leq p \leq \infty$ *und* $m = 1, 2, \ldots$, *sind die Normen* (4.4) i)–iv) *zu* $\|f\|_{p,2m}$ *äquivalent.*

Da der Beweis analog zu den Beweisen zu den Sätzen 3.1, 3.6 und 4.2 verläuft, verzichten wir darauf.

Folgerung 4.4. *Für* $f \in L^p$, $1 \leq p \leq \infty$, *und* $m = 1, 2, \ldots$ *sind folgende Aussagen äquivalent*:

a) $\quad f \in L_{2m}^p;$

b) $\quad \sup_{\delta \neq 0} \|(\delta^{-2} \sum_{k=1}^{n} \Delta_{\delta e_k}^2)^m f\|_p = O(1);$

c) *es existieren alle partiellen Ableitungen der Ordnung* $\leq 2m-2$ *in der Norm und*

$$\sup_{\delta \neq 0} \|\delta^{-2} \sum_{k=1}^{n} \Delta^2_{\delta e^k} \Delta^{m-1} f\|_p = O(1);$$

d) *es existieren alle partiellen Ableitungen der Ordnung* $\leq 2m-1$ *in der Norm und*

$$\sup_{\delta \neq 0} \|\delta^{-1} \sum_{k=1}^{n} \Delta_{\delta e^k} (\partial/\partial x_k) \Delta^{m-1} f\|_p = O(1).$$

Eine Erweiterung auf $\alpha \neq 2m$ ist trivial, falls wir durch Faltung von f mit $G_{2m-\alpha}$ (wobei $2m$ die kleinste gerade Zahl größer α ist) $f \in L^p$ zu $G_{2m-\alpha} * f \in L^p_{2m}$ machen und dann

$$\|f\|_p + \sup_{\delta \neq 0} \|(\delta^{-2} \sum_{k=1}^{n} \Delta^2_{\delta e^k})^m G_{2m-\alpha} * f\|_p$$

setzen [oder (4.4) entsprechend den zweiten Term modifizieren]; jedoch verzichten wir auf weitere Einzelheiten in dieser Richtung und möchten nur noch darauf hinweisen, falls wir wie in [10] mittels des Rieszintegrals (vgl. [20])

$$I^\alpha f(x) = \frac{1}{H_n(\alpha)} \int |x-t|^{\alpha-n} f(t) \, dt, \quad H_n(\alpha) = \pi^{n/2} 2^\alpha \Gamma\left(\frac{\alpha}{2}\right) \left[\Gamma\left(\frac{n-\alpha}{2}\right)\right]^{-1}$$

f gebrochen $(2m-\alpha)$-fach integrieren, daß dann Existenzschwierigkeiten für $I^{2m-\alpha} f$ auftreten können, da für $f \in L^p$ i. a. $I^\alpha f$ nur für $0 < \alpha < n/p$ existiert. Ein Ausweichen auf die zweite Differenz des Rieszkerns (vgl. Lemma 2.2 für die erste Differenz) würde diese Schwierigkeit beheben, jedoch einige Schwierigkeiten im Rahmen des distributionentheoretischen Kalküls verursachen.

Literaturverzeichnis

[1] ARONSZAJN, N. – F. MULLA – P. SZEPTYCKI, On spaces of potentials connected with L^p classes, Ann. Inst. Fourier (Grenoble) **13** (1963), 211–306.

[2] ARONSZAJN, N. – K. T. SMITH, Theory of Bessel potentials, Part I, Ann. Inst. Fourier (Grenoble) **11** (1961), 385–475.

[3] BERENS, H. – R. J. NESSEL, Contributions to the theory of saturation for singular integrals in several variables, IV, Product kernels and n-parameter approximation, Nederl. Akad. Wetensch. Indag. Math. **30** (1968), 325–335.

[4] BUTZER, P. L., Über den Grad der Approximation des Identitätsoperators durch Halbgruppen von linearen Operatoren und Anwendungen auf die Theorie der singulären Integrale, Math. Ann. **133** (1957), 410–425.

[5] BUTZER, P. L., On some theorems of Hardy, Littlewood and Titchmarsh, Math. Ann. **142** (1961), 259–269.

[6] BUTZER, P. L. – H. BERENS, Semi-groups of Operators and Approximation, Grundl. d. math. Wiss. Bd. 145, Springer, Berlin–Göttingen–New York 1967.

[7] BUTZER, P. L. – R. J. NESSEL, Contributions to the theory of saturation for singular integrals in several variables, I, General theory, Nederl. Akad. Wetensch. Indag. Math. **28** (1966), 515–531.

[8] BUTZER, P. L. – R. J. NESSEL, Fourier Analysis and Approximation, Vol. I, Birkhäuser, Basel 1970 (im Druck).

[9] BUTZER, P. L. - W. TREBELS, Hilberttransformation, gebrochene Integration und Differentiation, Westdeutscher Verlag, Köln–Opladen 1968.

[10] BUTZER, P. L. - W. TREBELS, Opérateurs de Gauss-Weierstrass et de Cauchy-Poisson et conditions lipschitziennes dans $L^1(E_n)$, C. R. Acad. Sc. Paris, t. **268** (1969), 700–703.

[11] CALDERÓN, A. P., Lebesgue spaces of differentiable functions and distributions, Sympos. on Pure Math. **4** (1961), 33–49.

[12] DONOGHUE, W. F., Distributions and Fourier Transforms, Academic Press, New York and London 1969.

[13] GÖRLICH, E., Distributional methods in saturation theory, J. Appr. Theory **1** (1968), 111–136.

[14] GÖRLICH, E., Saturation theorems and distributional methods, in »Abstract Spaces and Approximation« (Proceedings of the Oberwolfach Conference 1968, P. L. Butzer and B. Sz.-Nagy, Eds.) ISNM, Vol. 10, Basel 1969, 218–232.

[15] HERZ, C. S., Lipschitz spaces and Bernstein's theorem on absolutely convergent Fourier transforms, J. Math. Mech. **18** (1968), 283–323.

[16] MIKHLIN, S. G., Multidimensional Singular Integrals and Integral Equations, Oxford 1965.

[17] NESSEL, R. J., Das Saturationsproblem für mehrdimensionale singuläre Integrale und seine Lösung mit Hilfe der Fouriertransformation, Dissertation, Aachen 1965.

[18] NESSEL, R. J., Contributions to the theory of saturation for singular integrals in several variables, II Applications, Nederl. Akad. Wetensch. Indag. Math. **29** (1967), 52–64.

[19] OKIKIOLU, G. O., Fourier transforms and the operator H_α, Proc. Cambridge Philos. Soc. **62** (1966), 73–78.

[20] RIESZ, M., L'integrale de Riemann-Liouville et le probléme de Cauchy, Acta Math. **81** (1948), 1–223.

[21] SCHWARTZ, L., Théorie des distributions, 2. Bd., Hermann, Paris 1959.

[22] STEIN, E. M., The characterization of functions arising as potentials, Bull. Amer. Math. Soc. **67** (1961), 102–104.

[23] TAIBLESON, M. H., On the theory of Lipschitz spaces of distributions on Euclidean n-space, J. Math. Mech. **13** (1964), 407–479; **14** (1965), 821–839; **15** (1966), 973–981.

[24] TREBELS, W., Charakterisierungen von Saturationsklassen in $L^1(E_n)$, Dissertation, Aachen 1969.

[25] WHEEDEN, R. L., On hypersingular integrals and Lebesgue spaces of differentiable functions, Trans. Amer. Math. Soc. **134** (1968), 421–435; **139** (1969), 37–53.

Paul L. Butzer – Jens Kemper

Operatorenkalkül von Approximationsverfahren fastperiodischer Funktionen

Inhalt

Einleitung 27

1. Fastperiodische Funktionen 29
1.1 *Definition und elementare Eigenschaften* 29
1.2 *Mittelwert und Fourierreihe* 32
1.3 *Faltungen* 33

2. Fundamentale Konvergenzsätze 34
2.1 *Satz über positive, lineare Operatoren; lineare Approximationsoperatoren* 34
2.2 *Ungleichungen der Approximationstheorie für fastperiodische Funktionen* 40

3. Approximationssätze für fastperiodische Funktionen 42
3.1 *Direkte Approximationssätze und Umkehrsätze* 42
3.2 *Weitere Approximationssätze* 46

4. Approximation in Q und S 48
4.1 *Approximation durch fastperiodische Polynomklassen* 48
4.2 *Approximation durch fastperiodische Funktionenklassen* 51

Literaturverzeichnis 52

Einleitung

Die vorliegende Arbeit beschäftigt sich mit der Definition und den Eigenschaften einer Klasse von Operatoren, mit deren Hilfe die Fundamentalsätze der Approximationstheorie 2π-periodischer Funktionen auf fastperiodische Funktionen übertragen werden. Sie gliedert sich in vier Teile; im ersten Abschnitt werden die elementaren Eigenschaften des Banachraumes F der fastperiodischen Funktionen und seiner Elemente behandelt. Mit Hilfe einer geeigneten Mittelwertbildung lassen sich für jede fastperiodische Funktion Fourierexponenten und Fourierkoeffizienten definieren, und da die Menge $L(f)$ der Fourierexponenten einer fastperiodischen Funktion f stets abzählbar ist, kann man ihr – wie im periodischen Fall – eine Fourierreihe zuordnen. Als wesentliches Ergebnis dieses Abschnittes sei der sogenannte Faltungssatz hervorgehoben, der bei der Konstruktion von Approximationsoperatoren eine entscheidende Rolle spielt.

Die folgenden Abschnitte behandeln die Approximation von Elementen aus den Räumen $Q = \{f \in F; \lambda_{k+1} > \lambda_k, \lambda_{-k} = -\lambda_k, \lim_{k \to \infty} \lambda_k = \infty, \lambda_k \in L(f)\}$ und $S = \{f \in F; \lambda_{k+1} < \lambda_k, \lambda_{-k} = -\lambda_k, \lim_{k \to \infty} \lambda_k = 0, \lambda_k \in L(f)\}$, die schon von B. M. LEVITAN behandelt wurden.

Im zweiten Abschnitt werden die oben erwähnten Approximationsoperatoren auf dem Raum Q definiert. Das geschieht über eine Klasse G von erzeugenden Funktionen, und es wird gezeigt, daß für jedes ψ aus G die zugehörige Operatorfolge $\{U_n^\psi\}$ auf Q für $n \to \infty$ gegen den Identitätsoperator konvergiert. Des weiteren wird ein Satz vom Bohman-Korovkin-Typ über positive, lineare Operatoren P_n bewiesen, der notwendige und hinreichende Kriterien für die Approximationseigenschaft auf Q angibt, d. h. für die Konvergenz von $P_n f$ gegen f für $n \to \infty$ und jedes f aus Q. Dieser Satz ist interessant im Hinblick auf die Operatoren U_n^ψ; für ψ aus G besitzt eine Folge U_n^ψ von positiven Operatoren die Approximationseigenschaft auf Q dann und nur dann, falls sie diese auf dem Unterraum $C_{2\pi}$ besitzt.

Mit Hilfe einer speziellen Operatorfolge wird eine Ungleichung vom Jackson-Typ bewiesen. Solche Ungleichungen wurden für Funktionen aus Q erstmals wohl von E. A. BREDIHINA [4] aufgestellt. Ebenso fundamental für Abschnitt drei ist eine Ungleichung vom Bernstein-Typ, die implizit in einer Ungleichung für Funktionen vom exponentiellen Typ enthalten ist (siehe [1, p. 170]; [19, p. 208]), jedoch im Rahmen dieser Arbeit mit Hilfe eines einfachen Verfahrens bewiesen wird.

Bei der Approximation von 2π-periodischen Funktionen durch trigonometrische Polynome spielen Sätze von D. Jackson, S. N. Bernstein, M. Zamansky und S. B. Stečkin eine fundamentale Rolle. Bezeichnet man mit $E_n(f)$ die beste Approximation einer Funktion f aus $C_{2\pi}$ durch trigonometrische Polynome höchstens n-ten Grades, so schließen die direkten Sätze von Jackson von Glätteeigenschaften der Funktion f auf die Ordnung, mit der $E_n(f)$ für $n \to \infty$ gegen Null strebt, während die indirekten Sätze von Bernstein das umgekehrte Problem lösen. Ist die Approximationsordnung einer Folge trigonometrischer Polynomoperatoren gegen ein f aus $C_{2\pi}$ bekannt, so gibt der Satz von Zamansky Auskunft über das Wachstum von Ableitungen dieser Operatorenfolge, während der Satz von Stečkin die Approximationsordnung dieser Ableitungen gegen die gleichen Ableitungen der Funktion f angibt. Für den Fall trigonometrischer Polynome bester Approximation ist bereits gezeigt worden, daß die

Aussagen dieser Sätze innerhalb bestimmter Grenzen untereinander äquivalent sind (siehe [9]; [10]). Im dritten Abschnitt werden zum erstenmal diese Sätze, also die direkten und Umkehrsätze der Approximationstheorie, die Sätze vom Zamansky- und Stečkin-Typ sowie auch deren Umkehrungen, auf fastperiodische Funktionen aus Q übertragen und die Äquivalenz ihrer Aussagen für den Fall der besten Approximation bewiesen.

Der letzte Abschnitt behandelt die Approximation von Funktionen aus S mit Hilfe von Ergebnissen aus [9]. Der Vollständigkeit halber wenden wir diese auch auf Funktionen aus Q an, wobei im Gegensatz zum vorhergehenden Abschnitt Stetigkeitsmodule beliebig hoher Ordnung eingebaut werden. Zunächst besteht die Klasse der approximierenden Elemente aus fastperiodischen Funktionen, bei denen die Anzahl der Fourierexponenten endlich ist und die Fourierexponenten selbst dem Betrage nach beschränkt sind, im Falle Q nach oben durch n, i. e. die fastperiodischen Polynome in Q, und im Falle S nach unten durch $1/n$, i. e. die fastperiodischen Polynome in S, wobei $n \in \mathbb{N}$ ein diskreter Parameter ist. Danach wird die Klasse der approximierenden Elemente erweitert, indem die Forderung nach der endlichen Anzahl der Fourierexponenten fallengelassen und der diskrete Parameter n durch den kontinuierlichen Parameter ϱ ersetzt wird; diese Klassen werden mit F_ϱ bzw. $F_{\varrho^{-1}}$ bezeichnet.

Um die Ergebnisse aus [9] für unsere Probleme anwenden zu können, benötigen wir Ungleichungen vom Jackson- und Bernstein-Typ. Für den Raum Q sind diese bereits in Abschnitt zwei bewiesen worden; für den Raum S folgen sie aus Ergebnissen von [6] und [3, p. 274]. Die Bernstein-Ungleichungen für Funktionen aus F_ϱ bzw. $F_{\varrho^{-1}}$ erhält man mit den gleichen Methoden wie die der entsprechenden Polynomklassen. Damit ergeben sich als direkte Anwendung von Satz 2 aus [9] vier Äquivalenzsätze, die einen fundamentalen Unterschied zwischen der Approximation von Funktionen aus Q und der von Funktionen aus S deutlich machen. Während sich für ein f aus Q die Approximationsordnung erhöht, falls die Ableitung f' existiert und wieder zu Q gehört, ist es bei der Approximation von Elementen aus S genau umgekehrt: Die Approximationsordnung für ein f aus S erhöht sich, falls eine Stammfunktion $f^{(-1)}$ von f existiert, die zu S gehört. Die Approximation von Elementen aus Q besitzt also eine gewisse Analogie zu der von Elementen aus $C_{2\pi}$, während für die von Elementen aus S kein Analogon bekannt ist.

Wie bereits erwähnt, werden Approximationssätze für fastperiodische Funktionen aus Q und S aufgestellt, wobei die approximierenden Elemente einmal fastperiodische Polynome aus Q bzw. S und das andere Mal Elemente aus F_ϱ bzw. $F_{\varrho^{-1}}$ sind. Dabei zeigt sich, daß trotz der Erweiterungen der Polynomklassen zu den Klassen F_ϱ bzw. $F_{\varrho^{-1}}$ gewisse Eigenschaften der Elemente erhalten bleiben: So sind die Elemente aus F_ϱ beliebig oft differenzierbar, während die aus $F_{\varrho^{-1}}$ beliebig oft integrierbar sind, falls man als integrierte Funktion die Stammfunktion bezeichnet, die wieder zu $F_{\varrho^{-1}}$ gehört. Eine weitere Gemeinsamkeit der Klassen F_ϱ und $F_{\varrho^{-1}}$ zu den entsprechenden Polynomklassen besteht in der Ordnung der besten Approximation: Diese bleibt gleich, falls man beispielsweise von der Polynomklasse in Q zur Klasse F_ϱ übergeht. Entsprechendes gilt auch für den Raum S.

Mit dieser Arbeit stehen also die für 2π-periodische Funktionen bekannten Sätze betreffs Ordnung der besten Approximation auch für fastperiodische Funktionen aus Q und S zur Verfügung.

Der Beitrag des zweitgenannten Autors wurde im Rahmen des vom Landesamt für Forschung des Landes Nordrhein-Westfalen unterstützten Forschungsvorhabens »Operatorkalkül auf abstrakten Funktionenräumen mit Anwendungen« (AZ: A/3 – 4452) durchgeführt.

Die Verfasser danken Herrn H. JOHNEN für seine wertvollen Ratschläge, ganz besonders bezüglich Abschnitt vier, sowie für die kritische Durchsicht der Arbeit.
Herrn Prof. H. GÜNZLER, Göttingen, danken sie für wichtige Literaturhinweise zu dem hier behandelten Themenkreis.

1. Fastperiodische Funktionen

1.1 Definition und elementare Eigenschaften

Die verhältnismäßig junge Theorie fastperiodischer Funktionen wurde zwischen 1923 und 1925 von dem dänischen Mathematiker H. BOHR (1887–1951) begründet (siehe [3]). Von ihm stammt die grundlegende

Definition 1.1.1. *Eine Funktion $f \in C(-\infty, \infty)$ heißt fastperiodisch, falls zu jedem $\varepsilon > 0$ eine Länge $l = l(\varepsilon)$ existiert, so daß in jedem Intervall $I \subset \mathbb{R}$ (der Menge aller reellen Zahlen) der Länge l mindestens eine Zahl τ existiert mit*

$$(1.1.1) \quad \sup_{-\infty < x < \infty} |f(x + \tau) - f(x)| < \varepsilon.$$

Die Länge $l = l(\varepsilon)$ bezeichnet man als Intervallänge von f zu ε, und die Zahlen τ mit der Eigenschaft (1.1.1) als Fastperioden von f zu ε. Zu jedem $\varepsilon > 0$ gibt es also unendlich viele Fastperioden von f; diese Menge bezeichnet man als $E\{\varepsilon; f\}$, d. h.

$$E\{\varepsilon; f\} = \{\tau \in \mathbb{R}; \sup_{-\infty < x < \infty} |f(x + \tau) - f(x)| < \varepsilon\}.$$

Definition 1.1.2. *Eine Menge E von reellen Zahlen heißt relativ dicht in $\mathbb{R}$, falls eine Länge l existiert, so daß jedes Intervall $I \subset \mathbb{R}$ der Länge l ein Element aus E enthält.*

Hiermit läßt sich die Fastperiodizität auch so erklären:

Eine auf $(-\infty, \infty)$ stetige Funktion heißt fastperiodisch, falls zu jedem $\varepsilon > 0$ die Menge $E\{\varepsilon; f\}$ relativ dicht in $\mathbb{R}$ ist.

Im allgemeinen wird mit kleiner werdendem ε die Länge $l(\varepsilon)$ über alle Grenzen wachsen. Nur für periodische Funktionen, die trivialerweise Definition 1.1.1 erfüllen, gilt

$$(1.1.2) \quad \lim_{\varepsilon \to 0+} [\inf l(\varepsilon)] \equiv \lim_{\varepsilon \to 0+} [\inf \{l; l = l(\varepsilon)\}] = p < \infty,$$

wobei p die (kleinste) Periode der betreffenden Funktion ist. Das folgende Lemma beweist auch die Umkehrung dieser Aussage. Also sind die periodischen unter den fastperiodischen Funktionen dadurch charakterisiert, daß (1.1.2) gilt.

Lemma 1.1.3. *Ist f fastperiodisch, und gilt $\lim_{\varepsilon \to 0+} [\inf l(\varepsilon)] = p$, so ist f periodisch und p die (kleinste) Periode von f.*

Beweis: Wir zeigen zunächst die Existenz einer Zahl $\tau_0 \geq 0$ mit der Eigenschaft $\sup_{-\infty < x < \infty} |f(x + \tau_0) - f(x)| = 0$. Sei $\{\varepsilon_n\}$ eine Nullfolge mit $\lim_{n \to \infty} [\inf l(\varepsilon_n)] = p$. Nach Definition existieren zu jedem $n \in \mathbb{N}$ (der Menge aller positiven, ganzen Zahlen) ein $\tau_n \in [0, 1/n + \inf l(\varepsilon_n)]$ mit $\tau_n \in E\{\varepsilon_n; f\}$. Die dadurch aufgebaute Folge $\{\tau_n\}$ ist beschränkt; denn aus der Monotonie der Folge $\{\inf l(\varepsilon_n)\}$ folgt $\inf l(\varepsilon_n) \leq p$ ($n \in \mathbb{N}$). Also existiert eine Teilfolge $\{\tau_{n_k}\}$ und ein $\tau_0 \in [0, p]$ mit $\lim_{k \to \infty} \tau_{n_k} = \tau_0$, und wegen

$$0 \leq \sup_{-\infty < x < \infty} |f(x + \tau_0) - f(x)| = \lim_{k \to \infty} \sup_{-\infty < x < \infty} |f(x + \tau_{n_k}) - f(x)|$$
$$\leq \lim_{k \to \infty} \varepsilon_{n_k} = 0$$

erhält man

(1.1.3) $\quad \sup_{-\infty < x < \infty} |f(x + \tau_0) - f(x)| = 0.$

Wegen $\tau_0 \in [0, p]$ gilt entweder $\tau_0 = 0$ (in diesem Fall ist Gleichung (1.1.3) trivial) oder $\tau_0 > 0$. Wir betrachten zunächst den Fall $\tau_0 > 0$ und zeigen, daß dann $\tau_0 = p$ gilt. Aus (1.1.3) folgt unmittelbar $|f(x \pm k\tau_0) - f(x)| = 0$ ($k \in \mathbb{N}$) für alle x, d. h. f besitzt die Periode τ_0. Insbesondere ist also τ_0 eine Intervallänge von f zu ε_n für jedes $n \in \mathbb{N}$, und damit $\inf l(\varepsilon_n) \leq \tau_0$. Durch Grenzübergang folgt $p \leq \tau_0$, und wegen $\tau_0 \in [0, p]$ gilt dann $\tau_0 = p$.

Ist nun $\tau_0 = 0$, so wiederholen wir den Beweis, indem wir für ein festes $\delta > 0$ zu jedem $n \in \mathbb{N}$ ein $\tau_n^\delta \in [\delta, \delta + 1/n + \inf l(\varepsilon_n)]$ mit $\tau_n^\delta \in E\{\varepsilon_n; f\}$ auswählen. Damit erhalten wir ein $\tau_0^\delta \in [\delta, \delta + p]$, für das dann (wegen $\tau_0^\delta \geq \delta > 0$) $p \leq \tau_0^\delta \leq p + \delta$ gilt. Da τ_0^δ für jedes $\delta > 0$ eine Periode von f ist, folgt aus der Stetigkeit von f, daß auch $\lim_{\delta \to 0+} \tau_0^\delta = p$ eine Periode von f ist. Damit ist der Beweis vollständig.

An diesem Beweis wird deutlich, daß das Rechnen mit fastperiodischen Funktionen wesentlich komplizierter ist als das mit periodischen Funktionen. Wir wollen noch ein weiteres Beispiel dazu bringen. Mit Lemma 1.1.3 haben wir die periodischen Funktionen in der Menge der fastperiodischen charakterisiert. Es bleibt noch zu zeigen, daß es fastperiodische Funktionen gibt, die nicht periodisch sind. Dazu betrachten wir die nichtperiodische Funktion (siehe auch [2, p. ix])

$$f(x) = \sin x + \sin \sqrt{2}\, x.$$

Ist $\mathbb{Z}$ die Menge aller ganzen Zahlen, so sei M die Menge aller $n \in \mathbb{Z}$, für die ein $m \in \mathbb{Z}$ mit $|n\sqrt{2} - m| < \varepsilon/(2\pi)$ existiert. Setzt man $\tau_n = 2\pi n$, so gilt $\tau_n \sqrt{2} = 2\pi m + \theta_n \varepsilon$ für ein θ_n mit $0 < |\theta_n| < 1$ und

$$f(x + \tau_n) = \sin(x + 2\pi n) + \sin(x + 2\pi n)\sqrt{2} = \sin x + \sin(\sqrt{2}\, x + \theta_n \varepsilon).$$

Damit folgt

$$|f(x + \tau_n) - f(x)| = |\sin(\sqrt{2}\, x + \theta_n \varepsilon) - \sin \sqrt{2}\, x|$$
$$= 2|\sin \theta_n \varepsilon/2||\cos(\sqrt{2}\, x + \theta_n \varepsilon/2)| < \varepsilon,$$

d. h. $\tau_n \in E\{\varepsilon; f\}$. Die Menge M ist relativ dicht in $\mathbb{R}$ (und damit auch die Menge $E\{\varepsilon; f\}$ für jedes $\varepsilon > 0$); auf den Beweis dieser Aussage wollen wir verzichten.

Jede periodische Funktion besitzt die fundamentale Eigenschaft, daß sie durch ihre Werte auf einem Periodenintervall auf der ganzen Achse bestimmt ist. Eine ähnliche Aussage gilt auch für fastperiodische Funktionen. Es sei f fastperiodisch und l eine Intervallänge von f zu ε, und die Funktionswerte von f auf dem Intervall $[0, l]$ seien bekannt. Ist nun x ein beliebiger, fester Punkt außerhalb dieses Intervalls, so existiert ein $\tau_x \in [-x, -x + l]$ mit $\tau_x \in E\{\varepsilon; f\}$, und es gilt

(1.1.4) $\quad f(x) = \{f(x) - f(x + \tau_x)\} + f(x + \tau_x).$

Der Klammerausdruck der rechten Seite von (1.1.4) ist dem Betrage nach kleiner als ε, und wegen $x + \tau_x \in [0, l]$ ist der Funktionswert an der Stelle x durch einen Funktionswert innerhalb des Intervalls »fast«, d. h. bis auf $\pm \varepsilon$, bekannt. Mit dieser Eigenschaft beweist man leicht, daß jede fastperiodische Funktion auf der ganzen Achse beschränkt und gleichmäßig stetig ist (vgl. [2, p. 2]; [3, p. 35–36]).

Der Raum der fastperiodischen Funktionen ist linear; auf den Beweis wollen wir wegen seiner Länge verzichten; hierzu verweisen wir auf die einschlägige Literatur (siehe [2, p. 4–5]; [3, p. 37–39]; [13, p. 11–12]).

Definition 1.1.4. *Es sei* F *der lineare Raum aller fastperiodischen Funktionen, normiert durch* $\|f\| = \sup\limits_{-\infty < x < \infty} |f(x)|$.

Mit Hilfe der bisher bekannten Eigenschaften fastperiodischer Funktion läßt sich leicht zeigen, daß mit f auch $|f|$ und f^2 zu F gehören. Wir wollen die Aussage nur für f^2 zeigen. Ist $\tau \in E\{\varepsilon; f\}$, so folgt

$$|f^2(x+\tau) - f^2(x)| = |f(x+\tau) + f(x)| \, |f(x+\tau) - f(x)|$$
$$\leq 2\|f\| \, |f(x+\tau) - f(x)| < 2\|f\| \varepsilon,$$

und damit $\tau \in E\{2\varepsilon\|f\|; f^2\}$. Also gilt $E\{\varepsilon; f\} \subset E\{2\varepsilon\|f\|; f^2\}$, und da $E\{\varepsilon; f\}$ für jedes $\varepsilon > 0$ relativ dicht in $\mathbb{R}$ ist, ist auch $E\{2\varepsilon\|f\|; f^2\}$ relativ dicht in $\mathbb{R}$ für jedes $\varepsilon > 0$, d. h. $f^2 \in$ F.

Aus der letzten Aussage folgt unmittelbar, daß auch das Produkt zweier Funktionen f, g aus F wieder zu F gehört, d. h. F bildet eine Algebra.

Satz 1.1.5. F *ist ein Banachraum.*

Beweis: Es sei $\{f_n\} \subset$ F eine Cauchy-Folge. Da der Raum aller auf $(-\infty, \infty)$ beschränkten und gleichmäßig stetigen Funktionen vollständig ist, existiert eine gleichmäßig stetige Funktion f mit $\lim\limits_{n \to \infty} \|f_n - f\| = 0$. Wir müssen zeigen, daß $f \in$ F gilt.

Zu $\varepsilon > 0$ existiert ein $N = N(\varepsilon)$, so daß $\|f_n - f\| < \varepsilon/3$ für alle $n \geq N$ gilt. Dann folgt mit $\tau \in E\{\varepsilon/3; f_N\}$

$$|f(x+\tau) - f(x)| \leq |f(x+\tau) - f_N(x+\tau)| + |f_N(x+\tau) - f_N(x)|$$
$$+ |f_N(x) - f(x)| < \varepsilon,$$

also $\tau \in E\{\varepsilon; f\}$ bzw. $E\{\varepsilon; f\} \subset E\{\varepsilon/3; f_N\}$. Folglich ist $E\{\varepsilon; f\}$ für jedes $\varepsilon > 0$ relativ dicht in $\mathbb{R}$, d. h. $f \in$ F.

Satz 1.1.5 besagt, daß jede gleichmäßig konvergente Reihe oder Folge von fastperiodischen Funktionen wieder fastperiodisch ist. Insbesondere gehört jede gleichmäßig konvergente Reihe der Form $\sum\limits_{k=-\infty}^{\infty} c_k e^{i\lambda_k x}$ mit reellen Exponenten λ_k wieder zu F. Eine Folgerung ist ein Satz von S. Bochner.

Folgerung 1.1.6. *Es sei* $f \in$ F, f' *existiere auf* $(-\infty, \infty)$ *und sei dort gleichmäßig stetig. Dann gilt* $f' \in$ F.

Beweis: Die Folge $\{f_n(x)\}$ sei definiert durch $f_n(x) = n\{f(x+1/n) - f(x)\}$. Dann gilt $f_n \in$ F und $f_n(x) = f'(x + \theta_n/n)$ mit $0 < \theta_n < 1$ $(n \in \mathbb{N})$. Aus der gleichmäßigen

Stetigkeit von f' folgt $|f'(x)-f'(y)| < \varepsilon/2$ für alle $|x-y| < \delta$, und man erhält

$$\|f_n - f'\| = \sup_{-\infty < x < \infty} |f'(x + \theta_n/n) - f'(x)| \leq \varepsilon/2 < \varepsilon \qquad (n > 1/\delta).$$

Mit Satz 1.1.5 folgt $f' \in \mathsf{F}$.

1.2 Mittelwert und Fourierreihe

Wie im periodischen Fall läßt sich auch jeder fastperiodischen Funktion eine Reihe, die dann als Fourierreihe definiert wird, zuordnen. Wir ersetzen zunächst den Mittelwert für ein endliches Intervall durch den Mittelwert für ein unendliches Intervall.

Definition 1.2.1. *Für $f \in \mathsf{F}$ bezeichnet man die Größe*

$$(1.2.1) \quad M\{f(x)\} = \lim_{T \to \infty} \frac{1}{2T} \int_{-T}^{T} f(x)\,dx$$

als Mittelwert von f.

Es läßt sich elementar zeigen, daß der Mittelwert (1.2.1) für jedes $f \in \mathsf{F}$ existiert, und daß

$$(1.2.2) \quad M\{f(x+a)\} = M\{f(x)\}$$

gleichmäßig in $a \in \mathbb{R}$ gilt (siehe [2, p. 12–15]; [13, p. 23–24]; [16, p. 110–112]). Aus der Definition 1.2.1 erkennt man unmittelbar, daß M ein lineares Funktional mit der Norm $\|M\| = 1$ ist, und daß für $\lambda, \mu \in \mathbb{R}$ gilt

$$(1.2.3) \quad M\{e^{i\lambda x} e^{i\mu x}\} = \begin{cases} 1 & \text{für } \lambda = -\mu \\ 0 & \text{sonst} \end{cases}.$$

Ist $f \in \mathsf{F}$, so gehört für jede reelle Zahl λ auch die Funktion $f(x) e^{-i\lambda x}$ zu F; konsequenterweise existiert der Mittelwert dieser Funktion, den man mit

$$(1.2.4) \quad f\hat{{}}(\lambda) = M\{f(x) e^{-i\lambda x}\} \qquad (\lambda \in \mathbb{R})$$

bezeichnet. Aus der Linearität von M folgt sofort, daß für $f, g \in \mathsf{F}$ gilt

$$(1.2.5) \quad (f+g)\hat{{}}(\lambda) = f\hat{{}}(\lambda) + g\hat{{}}(\lambda) \qquad (\lambda \in \mathbb{R}).$$

Das folgende Lemma ist ein Vorläufer der Bessel-Ungleichung.

Lemma 1.2.2. *Es sei $f \in \mathsf{F}$, und Λ_k ($k = 1, 2, \ldots, n$) seien beliebige, voneinander verschiedene reelle Zahlen. Dann gilt*

$$\sum_{k=1}^{n} |f\hat{{}}(\Lambda_k)|^2 \leq M\{|f(x)|^2\} < \infty.$$

Ein Beweis dieser Aussage findet sich u. a. in [2, p. 18]; [3, p. 48]; [13, p. 25]. Mit Hilfe dieses Lemmas beweist man

Satz 1.2.3. *Für jedes $f \in \mathsf{F}$ ist die Menge $L(f) = \{\lambda \in \mathbb{R}; f\hat{{}}(\lambda) \neq 0\}$ höchstens abzählbar unendlich.*

Beweis: Wir definieren die Mengen $L_0 = \{\lambda \in L(f); |f\hat{{}}(\lambda)| > 1\}$, und für $i \in \mathbb{N}$ $L_i = \{\lambda \in L(f); 1/(i+1) < |f\hat{{}}(\lambda)| \leq 1/i\}$ und zeigen, daß jede dieser Mengen endlich ist. Denn ist beispielsweise die Menge L_j ($j \geq 0$) nicht endlich, so existiert eine Folge $\{\lambda_k\} \subset L_j$, für die nach Definition von L_j für genügend großes n gilt

$$\sum_{k=1}^{n} |f\hat{\,}(\lambda_k)|^2 > \sum_{k=1}^{n} 1/(j+1)^2 = n/(j+1)^2 > M\{|f(x)|^2\},$$

im Widerspruch zu Lemma 1.2.2. Damit ist die Vereinigungsmenge $L(f) = \bigcup_{i=0}^{\infty} L_i$ höchstens abzählbar unendlich.

Definition 1.2.4. *Die Elemente $\lambda_k \in L(f)$ bezeichnet man als Fourierexponenten, die zugeordneten Werte $f\hat{\,}(\lambda_k)$ als Fourierkoeffizienten und die Reihe $\sum_{k=1}^{\infty} f\hat{\,}(\lambda_k) e^{i\lambda_k x}$ als Fourierreihe von $f \in \mathsf{F}$.*

Es ist noch zu zeigen, daß für eine periodische Funktion die fastperiodische Definition einer Fourierreihe mit der üblichen, periodischen Definition übereinstimmt. O.B.d.A. kann $f \in \mathsf{C}_{2\pi}$ angenommen werden. Dann gilt für $k \in \mathbb{Z}$

$$f\hat{\,}(k) = \lim_{T \to \infty} (1/2T) \int_{-T}^{T} f(x) e^{-ikx} dx = \lim_{n \to \infty} (1/4\pi n) \int_{-2\pi n}^{2\pi n} f(x) e^{-ikx} dx$$
$$= (1/2\pi) \int_{-\pi}^{\pi} f(x) e^{-ikx} dx.$$

Für $\lambda \in \mathbb{R}$ mit $\lambda \notin \mathbb{Z}$ gilt andererseits $f\hat{\,}(\lambda) = 0$; denn zu jedem $f \in \mathsf{C}_{2\pi}$ existiert ein trigonometrisches Polynom t mit $\|f - t\| < \varepsilon$, und mit (1.2.5) und (1.2.3) folgt

$$f\hat{\,}(\lambda) = M\{f(x) e^{-i\lambda x}\} = M\{(f(x) - t(x)) e^{-i\lambda x}\} + M\{t(x) e^{-i\lambda x}\}$$
$$= M\{(f(x) - t(x)) e^{-i\lambda x}\}.$$

Also gilt $|f\hat{\,}(\lambda)| \leq \|M\| \|f - t\| < \varepsilon$, d.h. $f\hat{\,}(\lambda) = 0$ für $\lambda \notin \mathbb{Z}$.

Die Definition einer Fourierreihe für fastperiodische Funktionen ist also eine sinnvolle Erweiterung der üblichen Definition einer Fourierreihe.

Besitzt $f \in \mathsf{F}$ die Fourierreihe $\sum_{k=1}^{\infty} f\hat{\,}(\lambda_k) e^{i\lambda_k x}$, und gilt $f' \in \mathsf{F}$, so erhält man die Fourierreihe von f' durch formale Differentiation, d.h.

(1.2.6) $\quad f'(x) \sim \sum_{k=1}^{\infty} i\lambda_k f\hat{\,}(\lambda_k) e^{i\lambda_k x}$

(siehe [13, p. 27]).

Für den nächsten Abschnitt benötigen wir noch das folgende

Lemma 1.2.5. *Ist $f \in \mathsf{F}$ und die Fourierreihe von f gleichmäßig konvergent, so wird f durch ihre Fourierreihe dargestellt.*

Zum Beweis dieses Lemmas wird unter anderem der Eindeutigkeitssatz der Fourierentwicklung benutzt (vgl. [3, p. 56]; [13, p. 30]).

1.3 Faltungen

Für eine Funktion $\chi \in \mathsf{L}^1(-\infty, \infty)$ definieren wir die Fouriertransformation durch

(1.3.1) $\quad \chi\hat{\,}(v) = (1/2\pi) \int_{-\infty}^{\infty} \chi(u) e^{-ivu} du.$

Wir benutzen für eine Fouriertransformierte das gleiche Symbol wie für einen Fourierkoeffizienten (vgl. (1.2.4)). Aus dem zugehörigen Text läßt sich entnehmen, welcher der beiden Fälle gemeint ist.

Gehört auch $\chi\hat{\,}$ wieder zu $\mathsf{L}^1(-\infty,\infty)$, so gilt die Umkehrformel

(1.3.2) $\quad \chi(x) = \int_{-\infty}^{\infty} \chi\hat{\,}(v)\, e^{ivx}\, dv \quad$ f. ü.

Für $f \in \mathsf{F}$ und $\chi \in \mathsf{L}^1(-\infty,\infty)$ definieren wir eine Faltung durch

(1.3.3) $\quad (f * \chi)(x) = \int_{-\infty}^{\infty} f(x-u)\, \chi(u)\, du.$

Diese Faltung existiert, da wegen $|f(x-u)\,\chi(u)| \leq \|f\|\,|\chi(u)|$ das Integral in (1.3.3) absolut konvergiert. Des weiteren gehört wegen $E\{\varepsilon; f\} \subset E\{\varepsilon \|\chi\|_1; (f*\chi)\}$ ($\|\chi\|_1 = \int_{-\infty}^{\infty} |\chi(x)|\, dx$) die Faltung (1.3.3) wieder zu F.

Grundlegend für das Folgende ist der Faltungssatz

Satz 1.3.1. *Ist $f \in \mathsf{F}$ und $\chi \in \mathsf{L}^1(-\infty,\infty)$, so gilt*

$$(f * \chi)\hat{\,}(\lambda) = \begin{cases} 2\pi f\hat{\,}(\lambda_k)\, \chi\hat{\,}(\lambda_k) & \text{für } \lambda = \lambda_k \in \mathsf{L}(f) \\ 0 & \text{sonst} \end{cases}.$$

Beweis: Es ist

$$(f * \chi)\hat{\,}(\lambda) = \lim_{T \to \infty} (1/2T) \int_{-T}^{T} e^{-i\lambda x}\, dx \int_{-\infty}^{\infty} f(x-u)\, \chi(u)\, du$$

$$= \lim (1/2T) \int_{-\infty}^{\infty} \chi(u)\, e^{-i\lambda u}\, du \int_{-T}^{T} f(x-u)\, e^{-i\lambda(x-u)}\, dx.$$

Die Vertauschung der iterierten Integrale ist möglich, da beide absolut konvergieren. Mit (1.2.2) und dem Satz von Lebesgue über majorisierte Konvergenz erhalten wir

$$(f * \chi)\hat{\,}(\lambda) = \int_{-\infty}^{\infty} \chi(u)\, e^{-i\lambda u}\, \underset{x}{M}\{f(x-u)\, e^{-i\lambda(x-u)}\}\, du = 2\pi f\hat{\,}(\lambda)\, \chi\hat{\,}(\lambda)$$

für $\lambda \in \mathsf{L}(f)$ und 0 sonst. Dabei bedeutet $\underset{x}{M}\{\cdots\}$, daß der Mittelwert bezüglich x zu bilden ist.

Wir haben nun die für unsere Zwecke wesentlichsten Eigenschaften fastperiodischer Funktionen aufgezeichnet und können uns dem Problem der Approximation fastperiodischer Funktionen zuwenden.

2. Fundamentale Konvergenzsätze

2.1 Satz über positive, lineare Operatoren; lineare Approximationsoperatoren

Im folgenden werden nur solche fastperiodischen Funktionen betrachtet, bei denen die Menge $\mathsf{L}(f)$ keinen Häufungspunkt besitzt; den Raum dieser Funktionen bezeichnen wir mit Q. Aus der Linearität von F folgt dann unmittelbar, daß auch Q linear ist und unter der Norm von F zu einem linearen, normierten Raum wird.

Wir definieren

$$T_n^f = \{t(x); t(x) = \sum_{|\lambda_k| < n} c_k e^{i\lambda_k x}; c_k \in \mathbb{R}, \lambda_k \in L(f)\},$$

und bezeichnen die Elemente $t_n \in T_n^f$ als fastperiodische Polynome (höchstens) n-ten Grades, die der Funktion $f \in Q$ zugeordnet sind. Diese Zuordnung besteht darin, daß die Exponenten des fastperiodischen Polynoms t_n Elemente aus $L(f)$ sind.

Für positive, lineare Operatoren läßt sich eine Aussage vom Bohman-Korovkin-Typ beweisen.

Satz 2.1.1. *Es sei $\{P_n\}$ eine Folge positiver, linearer Operatoren von Q in Q für jedes $n \in \mathbb{N}$. Ist $f_0(x) = 1, f_1^\tau(x) = \cos(\pi/\tau) x, f_2^\tau(x) = \sin(\pi/\tau) x$ und $\varphi_t^\tau(x) = \sin^2(\pi/2\tau)(x-t)$ für beliebiges $\tau > 0$, so sind folgende Bedingungen äquivalent:*

(2.1.1) $\quad \lim_{n \to \infty} \|P_n f - f\| = 0 \qquad\qquad\qquad\qquad (f \in Q);$

(2.1.2) $\quad \lim_{n \to \infty} \|P_n f_j^\tau - f_j^\tau\| = 0 \qquad\qquad\qquad (j = 0, 1, 2; \tau > 0);$

(2.1.3) $\quad \lim_{n \to \infty} \|P_n f_0^\tau - f_0^\tau\| = 0 \quad und \quad \lim_{n \to \infty} P_n \varphi_t^\tau(t) = 0 \quad gleichmäßig$

$\qquad\quad in \ t \in (-\infty, \infty) \qquad\qquad\qquad\qquad\qquad\qquad\qquad (\tau > 0).$

Beweis: Aus (2.1.1) folgt trivialerweise (2.1.2). Wir zeigen nun, daß (2.1.3) aus (2.1.2) folgt. Sei $t \in (-\infty, \infty)$ fest und $\tau > 0$ fest. Wegen

$$\varphi_t^\tau(x) = 1 - \cos(\pi/\tau)(x-t) = f_0^\tau(x) - \cos(\pi/\tau) t f_1^\tau(x) - \sin(\pi/\tau) t f_2^\tau(x)$$

erhält man

$$P_n \varphi_t^\tau(x) = P_n f_0^\tau(x) - [\cos(\pi/\tau) t] P_n f_1^\tau(x) - [\sin(\pi/\tau) t] P_n f_2^\tau(x)$$
$$= \{P_n f_0^\tau(x) - f_0^\tau(x)\} - [\cos(\pi/\tau) t] \{P_n f_1^\tau(x) - f_1^\tau(x)\}$$
$$- [\sin(\pi/\tau) t] \{P_n f_2^\tau(x) - f_2^\tau(x)\} + f_0^\tau(x) - \cos(\pi/\tau) t f_1^\tau(x)$$
$$- \sin(\pi/\tau) t f_2^\tau(x).$$

Setzt man nun $x = t$, so folgt

$$P_n \varphi_t^\tau(t) \leq \|P_n f_0^\tau - f_0^\tau\| + \|P_n f_1^\tau - f_1^\tau\| + \|P_n f_2^\tau - f_2^\tau\|,$$

und damit (2.1.3).

Wir beweisen nun, daß (2.1.1) aus (2.1.3) folgt.

Es sei $f \in Q$ und $\|f\| = k$. Zu $\varepsilon > 0$ existiert ein $\delta(\varepsilon) > 0$, so daß

(2.1.4) $\quad |f(x) - f(y)| < \varepsilon \quad \text{für alle} \quad |x - y| < \delta$

gilt. Es sei weiter l eine Intervallänge von f zu ε, $\tau^* \in E\{\varepsilon; f\}$ mit $\tau^* \geq l/2$, $\tau = \tau^*/2$ und $t \in (-\infty, \infty)$ fest.

1. Für $|x - t| < \delta$ gilt nach (2.1.4)

$$|f(x) - f(t)| < \varepsilon.$$

2. Für $\delta \leq |x - t| \leq \tau$ gilt $\pi\delta/2\tau \leq \pi|x-t|/2\tau \leq \pi/2$. Aus der Ungleichung

35

$|\sin x| \geq 2|x|/\pi$ für $|x| \leq \pi/2$ folgt $\varphi_t^\tau(x) = \sin^2(\pi/2\tau)(x-t) \geq (x-t)^2/\tau^2 \geq \delta^2/\tau^2$ bzw. $1 \leq (\tau^2/\delta^2)\varphi_t^\tau(x)$, und damit

$$|f(x)-f(t)| \leq (2k\tau^2/\delta^2)\varphi_t^\tau(x).$$

3. Für $\tau < |x-t| \leq 2\tau - \delta$ gilt $\pi\delta/2\tau \leq (\pi/2\tau)(2\tau - |x-t|) < \pi/2$. Analog zu 2. findet man

$$|f(x)-f(t)| \leq (2k\tau^2/\delta^2)\varphi_t^\tau(x).$$

4. Für $2\tau - \delta < |x-t| \leq 2\tau$ gilt $0 \leq 2\tau - |x-t| < \delta$, und damit wegen $2\tau = \tau^* \in E\{\varepsilon; f\}$ und (2.1.4)

$$|f(x)-f(t)| \leq |f(x) - f(x \pm 2\tau)| + |f(x \pm 2\tau) - f(t)| < 2\varepsilon.$$

Fassen wir 1. bis 4. zusammen, so gilt

(2.1.5) $\quad |f(x)-f(t)| \leq 2\varepsilon + (2k\tau^2/\delta^2)\varphi_t^\tau(x)\quad$ für $\quad|x-t| \leq 2\tau = \tau^*$.

Ist nun $|x-t| > \tau^* \geq l/2$, so existiert ein $\tau_x \in [t-x-l/2, t-x+l/2]$ mit $\tau_x \in E\{\varepsilon; f\}$. Wegen $x + \tau_x - t \in [-l/2, l/2]$ folgt dann nach (2.1.5)

$$|f(x)-f(t)| \leq |f(x)-f(x+\tau_x)| + |f(x+\tau_x)-f(t)|$$
$$\leq 3\varepsilon + (2k\tau^2/\delta^2)\varphi_t^\tau(x).$$

Für jedes x gilt also die Ungleichung

$$|f(x)-f(t)| = |f(x) - f(t)f_0^\tau(x)| \leq 3\varepsilon f_0^\tau(x) + (2k\tau^2/\delta^2)\varphi_t^\tau(x).$$

Wenden wir auf diese Ungleichung den positiven, linearen Operator P_n an und setzen anschließend $x = t$, so erhalten wir

$$|P_n f(t) - f(t) P_n f_0^\tau(t)| \leq 3\varepsilon P_n f_0^\tau(t) + (2k\tau^2/\delta^2) P_n \varphi_t^\tau(t).$$

Damit folgt

$$|P_n f(t) - f(t)| \leq |P_n f(t) - f(t) P_n f_0^\tau(t)| + |f(t)||P_n f_0^\tau(t) - f_0^\tau(t)|$$
$$\leq 3\varepsilon P_n f_0^\tau(t) + (2k\tau^2/\delta^2) P_n \varphi_t^\tau(t) + k|P_n f_0^\tau(t) - f_0^\tau(t)|$$
$$\leq 3\varepsilon + (2k\tau^2/\delta^2) P_n \varphi_t^\tau(t) + \{3\varepsilon + k\} \|P_n f_0^\tau - f_0^\tau\|.$$

Also gilt $\limsup_{n\to\infty} \|P_n f - f\| \leq 3\varepsilon$ für jedes $\varepsilon > 0$, d. h. (2.1.1). Damit ist der Beweis von Satz 2.1.1 vollständig.

Der Satz 2.1.1 vom Bohman-Korovkin-Typ hat gegenüber dem entsprechenden Satz für periodische Funktionen eine etwas veränderte Gestalt. Am Beweis erkennt man, daß die Größen τ der Hälfte einer Fastperiode von f entsprechen. Im Falle 2π-periodischer Funktionen hat man diese Größen also durch die halbe Periode, d. h. durch π, zu ersetzen. Mit dieser Änderung geht Satz 2.1.1 in den bekannten Bohman-Korovkin-Satz über.

Ähnlich wie im Raume der periodischen Funktionen führt man auch hier Approximationsoperatoren der Gestalt

(2.1.6) $\quad U_n f(x) = \sum_{|\lambda_k| < n} \hat{f}(\lambda_k)\, \psi(\lambda_k/n)\, e^{i\lambda_k x} \qquad\qquad (\lambda_k \in L(f); n \in \mathbb{N})$

ein (vgl. [4]). Die Funktion ψ übernimmt hier die Rolle der Konvergenzfaktoren des periodischen Falles. Für die Approximationseigenschaft der Operatoren (2.1.6) genügt es, die folgenden Bedingungen an die erzeugende Funktion ψ zu stellen:

i) $\psi \in L^1(-\infty, \infty) \cap C(-\infty, \infty)$

ii) $\psi(x) = 0$ für $|x| \geq 1$

iii) $\psi(-x) = \psi(x)$

iv) $\psi(0) = 1$

v) $\psi\hat{\ } \in L^1(-\infty, \infty)$.

Es sei G die Klasse aller Funktionen ψ, die die Bedingungen i)–v) erfüllen. Ist dann $f \in Q$ und $\psi \in G$, so folgt aus der Definition (2.1.6) unmittelbar $U_n^\psi f \in T_n^f$ für jedes $n \in \mathbb{N}$.
Wir zeigen nun, daß die Operatoren $U_n^\psi f$ aus (2.1.6) lineare Operatoren vom Faltungstyp sind.

Lemma 2.1.2. *Es sei $f \in Q$ und $\psi \in G$. Dann besitzt $U_n^\psi f(x)$ die Darstellung*

(2.1.7) $U_n^\psi f(x) = (f * \psi_n\hat{\ })(x),$ $(n \in \mathbb{N})$

wobei $\psi_n\hat{\ }(x) = n\psi\hat{\ }(nx)$ ist.

Beweis: Wir setzen $f_n(x) = (f * \psi_n\hat{\ })(x)$ und erhalten für $\lambda \in L(f)$ wegen Satz 1.3.1 und $\psi \in G$ $f_n\hat{\ }(\lambda) = 2\pi f\hat{\ }(\lambda)(\psi_n\hat{\ })\hat{\ }(\lambda) = f\hat{\ }(\lambda)\psi_n(\lambda)$. Dabei ist nach (1.3.2)

$$\psi_n(x) = n \int_{-\infty}^{\infty} \psi\hat{\ }(nu) e^{iux} du = \int_{-\infty}^{\infty} \psi\hat{\ }(v) e^{i(x/n)u} du = \psi(x/n).$$

Insgesamt gilt dann

$$f_n\hat{\ }(\lambda) = f\hat{\ }(\lambda)\psi(\lambda/n) = \begin{cases} f\hat{\ }(\lambda_k)\psi(\lambda_k/n) & \text{für } \lambda = \lambda_k \in L(f) \text{ und } |\lambda_k| < n \\ 0 & \text{sonst} \end{cases}.$$

Also besitzt $f_n(x)$ die Fourierreihe $\sum_{|\lambda_k|<n} f\hat{\ }(\lambda_k)\psi(\lambda_k/n) e^{i\lambda_k x}$, und da diese Reihe gleichmäßig konvergiert, stellt sie nach Lemma 1.2.5 die Funktion $f_n(x)$ dar. Daraus folgt unmittelbar die Behauptung (2.1.7).

Wir geben ein Beispiel für die Konstruktion eines positiven Approximationsoperators der Form (2.1.6) (vgl. [4]). Setzt man

$$\psi(x) = \begin{cases} 1 - |x| & \text{für } |x| < 1 \\ 0 & \text{sonst} \end{cases},$$

so erhält man $\psi\hat{\ }(v) = (2/\pi)(\sin^2 v/2)/v^2$; also gehört ψ zu G, und das zugehörige Approximationspolynom hat wegen Lemma 2.1.2 die Gestalt

$$(2.1.8) \quad U_n^\psi f(x) = \sigma_n f(x) = \sum_{|\lambda_k|<n} (1 - |\lambda_k|/n) f\hat{\ }(\lambda_k) e^{i\lambda_k x}$$

$$= (2/n\pi) \int_{-\infty}^{\infty} f(x-u) \frac{\sin^2 nu/2}{u^2} du \qquad (f \in Q;\ n \in \mathbb{N}).$$

In Analogie zum periodischen Fall bezeichnet man $\sigma_n f(x)$ als n-tes Cesàro-Mittel der

Fourierreihe von f und den Kern $\psi\hat{\,}(u) = (2/\pi)(\sin^2 u/2)/u^2$ als Fejér-Kern für das unendliche Intervall.

Das nächste Ziel besteht darin, für positive Operatoren U_n^ψ mit $\psi \in \mathbf{G}$ die Approximationseigenschaft (2.1.1) über Satz 2.1.1 zu beweisen. Wie bereits erwähnt, sind die Bedingungen dieses Satzes gegenüber dem klassischen Satz von Bohman-Korovkin verschärft derart, daß die Konvergenzbedingungen (2.1.2) bzw. (2.1.3) für jedes $\tau > 0$ erfüllt sein müssen, und nicht nur – wie im 2π-periodischen Fall – für $\tau = \pi$. Für die Operatoren U_n^ψ der Form (2.1.6) mit $\psi \in \mathbf{G}$ bleibt jedoch Satz 2.1.1 bestehen, falls man in (2.1.2) bzw. (2.1.3) die variable Größe τ durch π ersetzt.

Lemma 2.1.3. *Die Operatoren U_n^ψ seien durch (2.1.6) definiert, wobei die erzeugende Funktion ψ zu $\mathbf{G}$ gehört.*

a) *Für jedes $\tau > 0$ gilt*

(2.1.9) $\quad \lim_{n\to\infty} \|U_n f_j^\tau - f_j^\tau\| = 0 \qquad\qquad (j = 0, 1, 2)$

dann und nur dann, wenn (2.1.9) für $\tau = \pi$ gilt.

b) *Für jedes $\tau > 0$ gilt*

(2.1.10) $\quad \lim_{n\to\infty} U_n^\psi \varphi_t^\tau(t) = 0 \quad \textit{gleichmäßig in} \quad t \in (-\infty, \infty)$

dann und nur dann, wenn (2.1.10) für $\tau = \pi$ gilt.

Beweis: a) Die Aussage für $j = 0$ ist trivial wegen $f_0^\tau(x) = 1 = f_0^\pi(x)$. Wegen $\psi \in \mathbf{G}$ gilt

(2.1.11) $\quad U_n^\psi(f_1^\tau + if_2^\tau)(x) = n \int_{-\infty}^{\infty} \psi\hat{\,}(nu)\, e^{i(\pi/\tau)(x-u)}\, du$

$\qquad\qquad\qquad = e^{i(\pi/\tau)x} \int_{-\infty}^{\infty} \psi\hat{\,}(u)\, e^{i(\pi/n\tau)u}\, du$

$\qquad\qquad\qquad = \{f_1(x) + if_2(x)\}\, \psi(\pi/n\tau).$

Für $j = 1, 2$ erhalten wir damit

$U_n^\psi f_j^\tau(x) - f_j^\tau(x) = U_n^\psi f_j^\pi(x) - f_j^\pi(x) + f_j^\pi(x)\{\psi(\pi/n\tau) - 1\}$
$\qquad\qquad - f_j^\pi(x)\{\psi(1/n) - 1\}.$

Aus der Stetigkeit von ψ im Nullpunkt und $\psi(0) = 1$ folgen sofort die Behauptungen.

b) Aus der trigonometrischen Identität $\sin^2(\pi/2\tau)(x-t) = (1/2)\{1 - \cos(\pi/\tau)(x-t)\}$ erhält man

$U_n^\pi \varphi_t^\tau(x) = (n/2) \int_{-\infty}^{\infty} \{f_0^\tau(x-u) - f_1^\tau(t-x+u)\}\, \psi\hat{\,}(nu)\, du,$

und damit für $x = t$ wegen $U_n^\psi f_0^\tau(t) = 1$ und a)

$U_n^\psi \varphi_t^\tau(t) = (n/2) \int_{-\infty}^{\infty} \{f_0^\tau(t-u) - f_1^\tau(u)\}\, \psi\hat{\,}(nu)\, du = 1/2\{1 - \psi(\pi/n\tau)\}.$

Damit gilt $U_n^\psi \varphi_t^\tau(x) = U_n^\psi \varphi_t^\pi(x) + 1/2\{\psi(1/n) - \psi(\pi/n\tau)\}$, und die Stetigkeit von ψ im Nullpunkt ergibt die Behauptung.

Aus Satz 2.1.1, Lemma 2.1.3 und dem klassischen Satz von Bohman-Korovkin folgt unmittelbar

Satz 2.1.4. *Es sei $\psi \in \mathbf{G}$ und $\{U_n^\psi\}$ eine Folge positiver Operatoren, definiert durch (2.1.6). Dann gilt*

(2.1.12) $\quad \lim\limits_{n\to\infty} \| U_n^\psi f - f \| = 0$

für alle fastperiodischen Funktionen aus $\mathbf{Q}$ dann und nur dann, falls (2.1.12) für alle 2π-periodischen Funktionen gilt.

Wir können nun zeigen, daß $\lim\limits_{n\to\infty} \| U_n^\psi f - f \| = 0$ für jeden positiven Operator U_n^ψ mit $\psi \in \mathbf{G}$ für alle $f \in \mathbf{Q}$ gilt. Wegen Satz 2.1.1 und Lemma 2.1.3 brauchen wir nur (2.1.10) für $\tau = \pi$ zu beweisen. Wie bereits gezeigt, gilt $U_n^\psi f_0^\pi(x) = f_0^\pi(x) = 1$. Aus (2.1.11) folgt andererseits $|U_n^\psi f_j^\pi(x) - f_j^\pi(x)| \leq |\psi(1/n)|$ für $j = 1, 2$, insgesamt also (wegen $\psi \in \mathbf{G}$) $\lim\limits_{n\to\infty} \| U_n^\psi f_j^\pi - f_j^\pi \| = 0$ für $j = 0, 1, 2$. Insbesondere erhält man

Satz 2.1.5. *Für jedes $f \in \mathbf{Q}$ gilt*

$$\lim_{n\to\infty} \sigma_n f(x) = f(x) \quad \text{gleichmäßig in} \quad x \in (-\infty, \infty).$$

Wegen $\sigma_n f \in \mathbf{T}_n^f$ können wir diesen Satz im Weierstraß-Sinn interpretieren: Zu jedem $f \in \mathbf{Q}$ und jedem $\varepsilon > 0$ existiert ein $n \in \mathbf{N}$ und ein fastperiodisches Polynom $t_n \in \mathbf{T}_n^f$ mit

(2.1.13) $\quad \| f - t_n \| < \varepsilon.$

In dieser Form berechtigt der Satz zum Aufbau einer Approximationstheorie im Raume $\mathbf{Q}$.

Die Approximationseigenschaft der Operatorfolge $\{U_n^\psi\}$ auf $\mathbf{Q}$ läßt sich sogar für beliebiges ψ aus $\mathbf{G}$ zeigen.

Satz 2.1.6. *Ist $\psi \in \mathbf{G}$, so gilt*

$$\lim_{n\to\infty} \| U_n^\psi f - f \| = 0 \quad \text{für jedes} \quad f \in \mathbf{Q}.$$

Beweis: Nach den Ausführungen von Abschnitt 1.1 gilt $|f(x-u) - f(x)| < \varepsilon$ für alle $|u| < \delta$ und $|f(x)| \leq \|f\|$ für alle $x \in \mathbf{R}$. Aus $\psi \in \mathbf{G}$ folgt $\int\limits_{|u| \geq a} |\psi\hat{\,}(u)| < \varepsilon$ für alle $a \geq k > 0$. Damit erhält man für $n \geq k/\delta$

$$|U_n^\psi f(x) - f(x)| \leq n \int_{-\infty}^{\infty} |f(x-u) - f(x)| \, |\psi\hat{\,}(nu)| \, du$$

$$< n\varepsilon \int_{|u|<\delta} |\psi\hat{\,}(nu)| + 2n\|f\| \int_{|u|\geq\delta} |\psi\hat{\,}(nu)| \, du$$

$$< \varepsilon \{\|\psi\|_1 + 2\|f\|\}.$$

Einen nichtpositiven Operator erhält man über die Funktion

$$\psi(x) = \begin{cases} 1 - 3x^2 & \text{für } |x| < 1/3 \\ (3/2)(1-|x|)^2 & \text{für } 1/3 \leq |x| < 1 \\ 0 & \text{sonst} \end{cases}.$$

Diese Funktion gehört zu $\mathbf{G}$, und der zugehörige Operator hat für $f \in \mathbf{Q}$ die Gestalt

(2.1.14) $\quad U_n^\psi f(x) = R_n f(x) = (12/\pi n^2) \int\limits_{-\infty}^{\infty} f(x-u) \frac{\sin^3 nu/3}{u^3} \, du \qquad (n \in \mathbf{N}).$

2.2 Ungleichungen der Approximationstheorie für fastperiodische Funktionen

Im letzten Abschnitt haben wir gezeigt, daß jede Funktion $f \in Q$ durch Polynome aus T_n^f gleichmäßig approximiert werden kann. Wir führen nun die Größen

(2.2.1) $\quad E_n(f) = \inf \{ \|f - t_n\| ; t_n \in T_n^f \}$ $\hfill (n \in \mathbb{N})$

ein, die ein Maß für die beste Approximation von f durch Elemente aus T_n^f sind. Nach allgemeinen Sätzen der Approximationstheorie (vgl. [12, p. 20]; [14, p. 137]) existiert zu jedem $f \in Q$ (mindestens) ein Element $t_n^* = t_n^*(f) \in T_n^f$ mit

(2.2.2) $\quad E_n(f) = \|f - t_n^*\|.$

Ein solches Element wollen wir als ein Element bester Approximation aus T_n^f zu $f \in Q$ bezeichnen.

Definieren wir $Q^{(r)} = \{ f \in Q; f^{(j)} \in Q \text{ für } j = 0, 1, 2, \ldots, r \}$, so gilt

Satz 2.2.1. *Es sei $f \in Q^{(1)}$ und der Operator R_n definiert durch (2.1.14). Dann folgt*

(2.2.3) $\quad \|R_n f - f\| \leq (4/n) \|f'\|$ $\hfill (n \in \mathbb{N}).$

Beweis: Wegen

$$R_n f(x) - f(x) = (12/\pi n^2) \int_{-\infty}^{\infty} \{ f(x-u) - f(x) \} \frac{\sin^3 nu/3}{u^3} du$$

$$= (12/\pi n^2) \int_{-\infty}^{\infty} \{ \int_x^{x-u} f'(v) \, dv \} \frac{\sin^3 nu/3}{u^3} du$$

folgt

$$|R_n f(x) - f(x)| \leq (12/\pi n^2) \|f'\| \int_{-\infty}^{\infty} \left| \frac{\sin^3 nu/3}{u^2} \right| du.$$

Das Integral der rechten Seite können wir abschätzen:

$$\int_{-\infty}^{\infty} \left| \frac{\sin^3 nu/3}{u^2} \right| du \leq \int_{-\infty}^{\infty} \frac{\sin^2 nu/3}{u^2} du = (n/3) \int_{-\infty}^{\infty} \frac{\sin^2 u}{u^2} du = n\pi/3.$$

Damit ergibt sich (2.2.3).

Eine Verallgemeinerung dieses Satzes ist

Satz 2.2.2. *Es sei $f \in Q^{(r)}$ für ein $r \in \mathbb{N}$. Dann gilt die Ungleichung*

(2.2.4) $\quad E_n(f) \leq (4/n)^r \|f^{(r)}\|$ $\hfill (n \in \mathbb{N}).$

Beweis: Ist $r = 1$, so gilt wegen $E_n(f) \leq \|f - R_n f\|$ die Behauptung nach Satz 2.2.1. Also sei $r > 1$. Wir führen den Identitätsoperator I durch $If = f (f \in Q)$ ein und konstruieren iterativ die Potenzen von R_n durch $R_n^0 f = If = f$, $R_n^j f = R_n(R_n^{j-1} f)$, $j \in \mathbb{N}$. Ebenso definieren wir die Potenzen des Operators $(I - R_n)$: $(I - R_n)^0 f = If = f$, $(I - R_n)^j f = (I - R_n)[(I - R_n)^{j-1} f]$, $j \in \mathbb{N}$. Dann gilt die Darstellung

(2.2.5) $\quad (I - R_n)^r f(x) = \sum_{j=0}^{r} (-1)^j \binom{r}{j} R_n^j f(x).$

Mit der Abkürzung $R_{n,r} = \sum_{j=1}^{r} (-1)^{j+1} \binom{r}{j} R_n^j$ geht (2.2.5) über in

(2.2.6) $f(x) - R_{n,r}f(x) = (I - R_n)^r f(x)$.

Wegen $T_n^{R_n^j(f)} = T_n^f$ folgt $R_n^j f \in T_n^f$ ($j = 1, 2, \ldots, r$), und damit auch $R_{n,r}f \in T_n^f$. Aus der Darstellung (2.1.4) von $R_n f(x)$ folgt andererseits wegen $f \in Q^{(1)}$ auch $R_n^j f \in Q^{(1)}$ mit $(R_n^j f)' = R_n^j f'$. Durch Induktion folgt dann $R_n^j f \in Q^{(1)}$ und $(R_n^j f)' = R_n^j f'$. Setzt man

$$g = (I - R_n)^{r-1} f = \sum_{j=0}^{r} (-1)^j \binom{r-1}{j} R_n^j f,$$

so gilt $g \in Q^{(1)}$ und

$$g' = \sum_{j=0}^{r-1} (-1)^j \binom{r-1}{j} R_n^j f'.$$

Da wir (2.2.6) auch in der Form

$$f(x) - R_{n,r}f(x) = (I - R_n)^r f(x) = (I - R_n) g(x) = g(x) - R_n g(x)$$

schreiben können und g die Voraussetzungen von Satz 2.2.1 erfüllt, erhalten wir nach (2.2.3)

$$\|f - R_{n,r}f\| = \|(I - R_n)^r f\| = \|g - R_n g\| \leq (4/n) \|g'\|$$
$$= (4/n) \|(I - R_n)^{r-1} f'\|.$$

Durch fortgesetzte Anwendung ergibt sich $\|f - R_{n,r}f\| \leq (4/n)^r \|f^{(r)}\|$. Andererseits gilt wegen $R_{n,r}f \in T_n^f$ auch $E_n(f) \leq \|f - R_{n,r}f\|$ und damit (2.2.4).
Die Ungleichung (2.2.4) wollen wir in Analogie zum periodischen Fall als Jackson-Ungleichung für fastperiodische Funktionen bezeichnen (vgl. [9]).
Die Aussagen (2.2.3) und (2.2.4) erhält man auch aus den Ergebnissen von [4]; ist beispielsweise $\psi \in G$ und $v\psi\hat{}(v) \in L^1(-\infty, \infty)$, so gilt nach einem dort bewiesenen Satz

$$\|f - U_n^{\psi} f\| \leq c_n \omega(f; 1/n) \qquad (n \in \mathbb{N})$$

mit $c_n = (2/n) \int_0^{\infty} |\psi\hat{}(u)| du + 2 \int_0^{\infty} u |\psi\hat{}(u)| du$, woraus für $f \in Q^{(1)}$ sofort (2.2.3) folgt. Eine entsprechende Aussage wird auch für $f \in Q^{(r)}$ bewiesen.

Eine ähnlich fundamentale Rolle wie die Ungleichung von Jackson spielt auch die Bernstein-Ungleichung, die nun für fastperiodische Polynome bewiesen wird. Dazu betrachtet man die Funktion

$$h(x) = \begin{cases} -x - 2 & \text{für } -2 < x \leq -1 \\ x & \text{für } |x| < 1 \\ -x + 2 & \text{für } 1 \leq x < 2 \\ 0 & \text{sonst} . \end{cases}$$

Diese Funktion gehört zu $L^1(-\infty, \infty)$, und wegen $h\hat{}(v) = -(4i/\pi) \sin v (\sin^2 v/2)/v^2$ gilt auch $h\hat{} \in L^1(-\infty, \infty)$. Hiermit beweist man

Satz 2.2.3. *Es sei $f \in Q$ und $t_n \in T_n^f$. Dann gilt die Ungleichung*

(2.2.7) $\|t_n'\| \leq 2n \|t_n\|$ \hfill $(n \in \mathbb{N})$.

Beweis: Wir setzen $K_n(x) = n^2 b\hat{\ }(-nx)$ und erhalten $\hat{K_n}(v) = (v/2\pi) b(v/n)$. Besitzt $t_n \in T_n^f$ die Darstellung $t_n(x) = \sum\limits_{|\lambda_k|<n} c_k e^{i\lambda_k x}$, so gilt

$$i \int_{-\infty}^{\infty} t_n(x-u) K_n(u) \, du = i \sum_{|\lambda_k|<n} c_k e^{i\lambda_k x} \int_{-\infty}^{\infty} K_n(u) e^{-i\lambda_k u} du$$
$$= 2\pi i \sum_{|\lambda_k|<n} c_k e^{i\lambda_k x} \hat{K_n}(\lambda_k) = \sum_{|\lambda_k|<n} (i\lambda_k) c_k e^{i\lambda_k x} = t_n'(x).$$

Damit erhalten wir folgende Abschätzung für t_n':

$$|t_n'(x)| \leq \int_{-\infty}^{\infty} |t_n(x-u)| |K_n(u)| \, du \leq n^2 \|t_n\| \int_{-\infty}^{\infty} |b\hat{\ }(-nu)| \, du$$
$$= n \|t_n\| \int_{-\infty}^{\infty} |b\hat{\ }(u)| \, du.$$

Wegen $|b\hat{\ }(u)| \leq (4/\pi)(\sin^2 u/2)/u^2$ folgt

$$\int_{-\infty}^{\infty} |b\hat{\ }(u)| \, du \leq \frac{4}{\pi} \int_{-\infty}^{\infty} \frac{\sin^2 u/2}{u^2} \, du = 2,$$

insgesamt also $\|t_n'\| \leq 2n \|t_n\|$.

Diese Aussage ist implizit in [1, p. 170]; [19, p. 208] enthalten. Ist B_σ die Klasse der ganzen transzendenten Funktionen vom exponentiellen Typ σ, so wird dort die Ungleichung

$$(2.2.8) \qquad \sup_{-\infty < x < \infty} |f'(x)| \leq \sigma \sup_{-\infty < x < \infty} |f(x)| \qquad\qquad (f \in B_\sigma)$$

bewiesen. Da jedes fastperiodische Polynom n-ten Grades eine Funktion aus B_n ist, gilt erst recht (2.2.7). Jedoch ist der Beweis von (2.2.8) in [1] verhältnismäßig lang und diffizil – er benutzt den Darstellungssatz von Paley-Wiener für Funktionen aus B_σ. Deshalb haben wir diese Ungleichung in einer schwächeren Form bewiesen, in Anlehnung an den periodischen Fall (vgl. [18, p. 68]).

Durch Induktion folgt aus der Ungleichung (2.2.7), daß für $t_n \in T_n^f$ für ein $f \in Q$ gilt

$(2.2.8) \quad \|t_n^{(r)}\| \leq (2n)^r \|t_n\|$ \hfill $(r, n \in \mathbb{N})$.

3. Approximationssätze für fastperiodische Funktionen

3.1 Direkte Approximationssätze und Umkehrsätze

Im Abschnitt 2.2 haben wir für $f \in Q$ die Größen $E_n(f)$ durch

$$E_n(f) = \inf\{\|f - t_n\|; t_n \in T_n^f\} \qquad\qquad (n \in \mathbb{N})$$

eingeführt. Nach Satz 2.1.5 bzw. (2.1.13) existiert zu jedem $\varepsilon > 0$ ein $m \in \mathbb{N}$ und ein $t_m \in T_m^f$, so daß gilt $\|f - t_m\| < \varepsilon$. Nach Definition von $E_n(f)$ gilt dann auch $E_m(f) < \varepsilon$, und da die Folge $\{E_n(f)\}$ für jedes $f \in Q$ monoton fallend ist, folgt

$E_n(f) < \varepsilon$ für alle $n \geq m$, d. h. $\lim_{n \to \infty} E_n(f) = 0$. Unser Ziel ist nun, eine Verknüpfung zwischen der Konvergenzgeschwindigkeit $E_n(f)$ und gewissen Glätteeigenschaften der Funktion $f \in Q$ herzustellen. Solche Glätteeigenschaften werden wir über den Stetigkeitsmodul, Lipschitzklassen oder Differenzierbarkeitseigenschaften von f angeben.

Für $f \in Q$ führen wir den ersten und zweiten Stetigkeitsmodul durch

$$\omega(f; \delta) = \sup_{|t| \leq \delta} \sup_{-\infty < x < \infty} |f(x+t) - f(x)|,$$

$$\omega^*(f; \delta) = \sup_{|t| \leq \delta} \sup_{-\infty < x < \infty} |f(x+t) - 2f(x) + f(x-t)|$$

ein. Dann gelten die folgenden Beziehungen:

(3.1.1) $\begin{cases} \omega(f; \delta) \leq 2 \|f\| \\ \omega^*(f; \delta) \leq 4 \|f\|, \end{cases}$

(3.1.2) $\begin{cases} \omega(f; \delta) \leq \delta \|f'\| & \text{für } f \in Q^{(1)} \\ \omega^*(f; \delta) \leq \delta^2 \|f''\| & \text{für } f \in Q^{(2)}. \end{cases}$

Die Lipschitzklassen sind definiert durch

(3.1.3) $\begin{cases} \text{Lip}(Q; \alpha) = \{f \in Q; \ \omega(f; \delta) = O(\delta^\alpha), (\delta \to 0+), 0 < \alpha \leq 1\} \\ \text{Lip}^*(Q; \alpha) = \{f \in Q; \ \omega^*(f; \delta) = O(\delta^\alpha), (\delta \to 0+), 0 < \alpha \leq 2\}. \end{cases}$

Des weiteren führen wir für $f \in Q$ die ersten und zweiten Integralmittel durch

(3.1.4) $(A_h^1 f)(x) = (1/2h) \int_{-h}^{h} f(x+t) \, dt \hspace{4em} (h > 0)$

(3.1.5) $(A_h^2 f)(x) = (1/4h^2) \int_{-h}^{h} dt_1 \int_{-h}^{h} f(x + t_1 + t_2) \, dt_2 \hspace{2em} (h > 0)$

ein. Dann gilt für $f \in Q^{(r)}$ ($r \geq 0$, ganz)

(3.1.6) $(A_h^k f) \in Q^{(r+k)}$, \hspace{4em} ($k = 1, 2$),

(3.1.7) $(A_h^k f)^{(r)} = (A_h^k f^{(r)})$ \hspace{4em} ($k = 1, 2$)

und (vgl. [8], Chap. 2, Sec. 2.2 and Chap. 3, Sec. 3.4)

(3.1.8) $\begin{cases} \|(A_h^1 f)^{(r+1)}\| \leq (1/h) \, \omega(f^{(r)}; h) \\ \|(A_h^2 f)^{(r+2)}\| \leq (1/h^2) \, \omega^*(f^{(r)}; h), \end{cases}$

(3.1.9) $\begin{cases} \|(A_h^1 f) - f\| \leq \omega(f; h) \\ \|(A_h^2 f) - f\| \leq 2 \omega^*(f; h). \end{cases}$

Mit diesen Vorbereitungen können wir die direkten Approximationssätze vom Jackson-Typ beweisen.

Satz 3.1.1. a) *Sei $f \in Q^{(r)}$ und $f^{(r)} \in \text{Lip}(Q; \alpha)$. Dann gilt für eine Konstante $C_r(f)$*

(3.1.10) $E_n(f) \leq C_r(f) \, n^{-r-\alpha}$ \hspace{4em} ($n \in \mathbb{N}$; $r \geq 0$ ganz; $0 < \alpha \leq 1$).

b) *Sei $f \in Q^{(r)}$ und $f^{(r)} \in \text{Lip}^*(Q; \alpha)$. Dann gilt für eine Konstante $C_r^*(f)$*

(3.1.11) $E_n(f) \leq C_r^*(f) \, n^{-r-\alpha}$ \hspace{4em} ($n \in \mathbb{N}$; $r \geq 0$ ganz; $0 < \alpha \leq 2$).

Beweis: a) Wir setzen $f = (A_h^1 f) + g$. Dann gilt nach (3.1.6) $(A_h^1 f) \in Q^{(r+1)}$ und nach Voraussetzung $g \in Q^{(r)}$, und mit Satz 2.2.2 erhalten wir

$$E_n(f) \leq E_n(A_h^1 f) + E_n(g) \leq (4/n)^{r+1} \|(A_h^1 f)^{(r+1)}\| + (4/n)^r \|g^{(r)}\|,$$

woraus wegen (3.1.8) und (3.1.9) mit $h = 1/n$ folgt

(3.1.12) $\quad E_n(f) \leq (4/n)^{r+1} n \omega(f^{(r)}; 1/n) + (4/n)^r \omega(f^{(r)}; 1/n)$
$$= 5 (4/n)^r \omega(f^{(r)}; 1/n).$$

Wegen (3.1.3) erhält man hieraus (3.1.10).

b) Wir setzen $f = (A_h^2 f) + g$ und erhalten analog zu a)

(3.1.13) $\quad E_n(f) \leq (4/n)^{r+2} n^2 \omega^*(f^{(r)}; 1/n) + 2 (4/n)^r \omega^*(f^{(r)}; 1/n)$
$$= 18 (4/n)^r \omega^*(f^{(r)}; 1/n).$$

Mit (3.1.3) folgt hieraus (3.1.11).

Wir bezeichnen Satz 3.1.1 als direkten Approximationssatz, weil er von Glätteeigenschaften auf die Approximationsgeschwindigkeit der besten Approximation schließt. Wir wollen nun inverse Approximationssätze, d. h. Sätze vom umgekehrten Typus, beweisen. Unsere Frage lautet dabei: Sind die Voraussetzungen von Satz 3.1.1 a) bzw. b) auch notwendig für das Bestehen der Relation (3.1.10) bzw. (3.1.11)? Wir werden zeigen, daß mit Ausnahme der Werte $\alpha = 1$ im Fall (3.1.10) bzw. $\alpha = 2$ im Fall (3.1.11) auch die Umkehrungen von Satz 3.1.1 gültig sind.

Definiert man die Klasse $W(Q)$ und $W^*(Q)$ durch

(3.1.14) $\quad \begin{cases} W(Q) = \{f \in Q; \ \omega(f; \delta) = O(\delta |\log \delta|), \delta \to 0+\} \\ W^*(Q) = \{f \in Q; \ \omega^*(f; \delta) = O(\delta^2 |\log \delta|), \delta \to 0+\}, \end{cases}$

so gilt der folgende Satz, der vollständigkeitshalber bewiesen wird, obwohl der Beweis dem des klassischen Satzes ganz nachgebildet ist.

Satz 3.1.2. *Es sei $f \in Q$, und $E_n(f) \leq C n^{-r-\alpha}$ ($n \in \mathbb{N}$; $0 < \alpha \leq 2$) für eine Konstante C und ein ganzzahliges $r \geq 0$. Dann folgt*

$$f^{(r)} \in \begin{cases} \text{Lip}^*(Q; \alpha) & \text{für } 0 < \alpha < 2 \\ W^*(Q) & \text{für } \alpha = 2 \end{cases}.$$

Beweis: Zu jedem $n \in \mathbb{N}$ sei $t_n^* \in T_n^f$ ein Element mit $E_n(f) = \|f - t_n^*\|$. Setzen wir $V_0 = t_1^*$, $V_l = t_{2^l}^* - t_{2^{l-1}}^*$ ($l \in \mathbb{N}$), so gilt $V_l \in T_{2^l}^f$ ($l = 0, 1, \ldots$) und weiterhin $\|f - \sum_{l=0}^N V_l\| = \|f - t_{2^N}^*\| = E_{2^N}(f) \leq C 2^{-N(r+\alpha)}$, also

(3.1.15) $\quad \lim_{n \to \infty} \|f - \sum_{l=0}^n V_l\| = 0.$

Andererseits gilt nach Definition für $l \geq 1$

(3.1.16) $\quad \|V_l\| \leq \|t_{2^l}^* - f\| + \|f - t_{2^{l-1}}^*\| \leq B \, 2^{-l(r+\alpha)},$

und mit Satz 2.2.3 erhalten wir für $0 < j \leq r$

$$\|\sum_{l=0}^\infty V_l^{(j)}\| \leq 2^j \|V_0\| + \sum_{l=1}^\infty (2 \cdot 2^l)^j \|V_l\| \leq 2^j \|V_0\| + 2^j B \sum_{l=1}^\infty 2^{-l(\alpha+r-j)} < \infty.$$

Zusammen mit (3.1.15) folgt daraus $f \in Q^{(r)}$ und

(3.1.17) $\lim\limits_{n\to\infty} \| f^{(r)} - \sum\limits_{l=0}^{n} V_l^{(r)} \| = 0$.

Wir zeigen nun, daß $f^{(r)}$ zu Lip*$(Q; \alpha)$ oder zu W*(Q) gehört. Dazu wählen wir für $0 < \delta \leq 1/2$ ein $m \in \mathbb{N}$ mit

(3.1.18) $2^{m-1} \leq 1/\delta < 2^m$

und erhalten für $\omega^*(f^{(r)}; \delta)$ mit (3.1.17)

$$\omega^*(f^{(r)}; \delta) = \omega^*(\sum_{l=0}^{\infty} V_l^{(r)}; \delta) \leq \sum_{l=0}^{\infty} \omega^*(V_l^{(r)}; \delta)$$

$$\leq \sum_{l=0}^{m-1} \omega^*(V_l^{(r)}; \delta) + \sum_{l=m}^{\infty} \omega^*(V_l^{(r)}; \delta) = \Sigma_1 + \Sigma_2.$$

Die erste Summe schätzen wir mit (3.1.2), Satz 2.2.3 und (3.1.16) ab:

$$\Sigma_1 = \sum_{l=0}^{m-1} \omega^*(V_l^{(r)}; \delta) \leq \delta^2 \sum_{l=0}^{m-1} \|V_l^{(r+2)}\|$$

$$\leq 2^{r+2} \delta^2 \{\|V_0\| + \sum_{l=1}^{m-1} 2^{l(r+2)} \|V_l\|\} \leq 2^{r+2} \delta^2 \{\|V_0\| + B \sum_{l=1}^{m-1} 2^{l(2-\alpha)}\}$$

$$\leq C\delta^2 + D\delta^2 \sum_{l=1}^{m-1} 2^{l(2-\alpha)}.$$

Für die zweite Summe erhalten wir mit (3.1.1), Satz 2.2.3, (3.1.16) und (3.1.18)

$$\Sigma_2 = \sum_{l=m}^{\infty} \omega^*(V_l^{(r)}; \delta) \leq 4 \sum_{l=m}^{\infty} \|V_l^{(r)}\| \leq 4 \cdot 2^r \sum_{l=m}^{\infty} 2^{lr} \|V_l\|$$

$$\leq 4 \cdot 2^r B \sum_{l=m}^{\infty} 2^{-l\alpha} \leq E\delta^\alpha.$$

Für $\alpha < 2$ gilt wegen (3.1.18)

$$\sum_{l=1}^{m-1} 2^{l(2-\alpha)} \leq \sum_{l=1}^{m-1} 2^{l(2-\alpha)} \leq F\delta^{(\alpha-2)},$$

und damit $\omega^*(f^{(r)}; \delta) \leq C\delta^\alpha + (DF + E)\delta^\alpha$, d. h. $f^{(r)} \in $ Lip*$(Q; \alpha)$. Für $\alpha = 2$ gilt wegen (3.1.18)

$$\sum_{l=1}^{m-1} 2^{l(2-\alpha)} = m - 1 \leq |\log \delta|/\log 2,$$

und damit $\omega^*(f^{(r)}; \delta) \leq (C + E)\delta^2 + G\delta^2 |\log \delta|$, d. h. $f^{(r)} \in $ W*(Q).

Ganz analog hätten wir mit den Voraussetzungen von Satz 3.1.2 und $0 < \alpha \leq 1$ auch zeigen können, daß

$$f^{(r)} \in \begin{cases} \text{Lip}(Q; \alpha) & \text{für } 0 < \alpha < 1 \\ \text{W}(Q) & \text{für } \alpha = 1 \end{cases}$$

gilt.

Die Sätze 3.1.1 und 3.1.2, die wir auch als Sätze von Jackson und Bernstein für fastperiodische Funktionen bezeichnen, stellen jeder die Umkehrung des anderen dar, allerdings mit Ausnahme des Falles $\alpha = 1$ bzw. $\alpha = 2$ bei Verwendung von Lip- bzw. Lip*-Klassen.

3.2 Weitere Approximationssätze

Im vorhergehenden Abschnitt haben wir zwei Sätze bewiesen, deren Aussagen innerhalb bestimmter Grenzen zueinander äquivalent sind. Im folgenden sollen weitere, hierzu äquivalente Aussagen bewiesen werden.

Satz 3.2.1. *Es sei $f \in Q$ und $t_n \in T_n^f$, und es gelte $\|f - t_n\| \leq An^{-\beta}$ ($n \in \mathbb{N}$) für eine Konstante A und ein $\beta > 0$. Dann folgt $f \in Q^{(k)}$ und für eine Konstante C*

$$\|f^{(k)} - t_n^{(k)}\| \leq Cn^{k-\beta} \qquad (0 < k < \beta;\ n \in \mathbb{N}).$$

Beweis: Setzt man $V_0 = t_n$, $V_l = t_{2^l n} - t_{2^{l-1} n}$ ($l \in \mathbb{N}$), so gilt $V_l \in T_{2^l n}^f$ ($l = 0, 1, \ldots$) und analog zu (3.1.15) für $l \geq 1$

$$(3.1.1) \quad \|V_l\| \leq \|t_{2^l n} - f\| + \|f - t_{2^{l-1} n}\| \leq A(1 + 2^l)(2^l n)^{-\beta} \leq B(2^l n)^{-\beta}.$$

Wie im Beweis zu Satz 3.1.2 zeigt man

$$\lim_{N \to \infty} \|f^{(k)} - \sum_{l=0}^{N} V_l^{(k)}\| = 0 \quad \text{für} \quad 0 \leq k < \beta,$$

und erhält damit $f^{(k)} - t_n^{(k)} = \sum_{l=0}^{\infty} V_l^{(k)} - t_n^{(k)} = \sum_{l=1}^{\infty} V_l^{(k)}$. Mit Satz 3.1.2 und (3.1.1) folgt dann

$$\|f^{(k)} - t_n^{(k)}\| \leq \sum_{l=1}^{\infty} \|V_l^{(k)}\| \leq B \sum_{l=1}^{\infty} (2 \cdot 2^l n)^{-\beta + k}$$

$$= 2^k B n^{k-\beta} \sum_{l=1}^{\infty} 2^{-l(\beta - k)} \leq Cn^{k-\beta}.$$

Satz 3.2.1 macht eine Aussage vom Stečkin-Typ (vgl. [9] und die dort zitierte Literatur); das Ergebnis dieses Satzes läßt sich auch aus den Sätzen von Freud-Czipser und Garkavi folgern, die sich ohne Schwierigkeiten auf den fastperiodischen Fall übertragen lassen.

Der folgende Satz macht eine Aussage über Ableitungen einer Polynomfolge, die ein Element mit einer vorgegebenen Ordnung approximieren.

Satz 3.2.2. *Es sei $f \in Q$ und $t_n \in T_n^f$. Gilt $\|f - t_n\| \leq An^{-\beta}$ ($n \in \mathbb{N}$) für die Konstante A und ein $\beta > 0$, dann gibt es eine Konstante D, so daß*

$$(3.2.2) \quad \|t_n^{(j)}\| \leq D j^{-\beta} \qquad (j > \beta;\ n \in \mathbb{N}).$$

Beweis: Für $l \in \mathbb{N}$ setzen wir $V_l = t_{2^l} - t_{2^{l-1}}$. Dann gilt $V_l \in T_{2^l}^f$ und

$$(3.2.3) \quad \|V_l\| \leq \|t_{2^l} - f\| + \|f - t_{2^{l-1}}\| \leq A(1 + 2^\beta) 2^{-l\beta} \leq B 2^{-l\beta}.$$

Zu jedem $n \in \mathbb{N}$ mit $n \geq 2$ wählen wir ein $m \in \mathbb{N}$ mit

$$(3.2.4) \quad 2^m \leq n < 2^{m+1}.$$

Dann gilt $(t_n - t_{2^m}) \in T_n^f$, und wegen (3.2.4)

(3.2.5) $\quad \|t_n - t_{2^m}\| \leq \|t_n - f\| + \|f - t_{2^m}\| \leq A(n^{-\beta} + 2^{-m\beta})$
$$\leq A(1 + 2^\beta) n^{-\beta} \leq B n^{-\beta}.$$

Aus $t_n = t_1 + (t_n - t_{2^m}) + \sum\limits_{l=1}^{m} V_l$ folgt mit Satz 3.1.2, (3.2.5) und (3.2.3)

$$\|t_n^{(j)}\| \leq \|t_1^{(j)}\| + \|t_n^{(j)} - t_{2^m}^{(j)}\| + \sum_{l=1}^{m} \|V_l^{(j)}\|$$
$$\leq \|t_1^{(j)}\| + (2n)^j B n^{-\beta} + 4^j B \sum_{l=1}^{m} 2^{l(j-\beta)}.$$

Wegen (3.2.4) gilt
$$\sum_{l=1}^{m} 2^{l(j-\beta)} \leq C 2^{m(j-\beta)} \leq C n^{j-\beta},$$

und man erhält $\|t_n^{(j)}\| \leq \|t_1^{(j)}\| + 2^j B (1 + 2^j C) n^{j-\beta}$ für $j > \beta$, d. h. (3.2.2).

Von Satz 3.2.2, der dem Zamansky-Satz für periodische Funktionen entspricht, benötigen wir die

Folgerung 3.2.3. *Es sei* $f \in Q^{(k)}$ *und* $t_n \in T_n^f$. *Für eine Konstante* A *und* $n \in \mathbb{N}$ *gelte* $\|f^{(k)} - t_n^{(k)}\| \leq A n^{k-\beta}$ $(k < \beta)$. *Dann folgt für* $l > \beta$ *mit einer Konstanten* D

(3.2.6) $\quad \|t_n^{(l)}\| \leq D n^{l-\beta}$ $\hfill (n \in \mathbb{N}).$

Beweis: Wir setzen $g = f^{(k)}$ und $\vartheta_n = t_n^{(k)}$. Dann gilt $g \in Q$, und $\vartheta_n \in T_n^f$ wegen $L(g) = L(f^{(k)}) = L(f)$. Aus $\|g - \vartheta_n\| = \|f^{(k)} - t_n^{(k)}\| \leq A n^{k-\beta}$ erhalten wir mit Satz 3.2.2 für $l > \beta$, d. h. für $l - k > \beta - k$, $\|t_n^{(l)}\| = \|(t_n^{(k)})^{(l-k)}\| = \|\vartheta_n^{(l-k)}\| \leq D n^{l-\beta}$ d. h. (3.2.6).

Wir wollen nun die Umkehrung von Satz 3.2.2 für den Fall beweisen, daß t_n ein Element bester Approximation zu f aus T_n^f ist.

Satz 3.2.4. *Es sei* $f \in Q$, *und für ein Element bester Approximation* t_n^* *aus* T_n^f *zu* f *gelte mit einer Konstanten* A

(3.2.7) $\quad \|t_n^{*(l)}\| \leq A n^{l-\beta}$ $\hfill (l > \beta > 0; n \in \mathbb{N}).$

Dann folgt für eine Konstante C

(3.2.8) $\quad E_n(f) = \|f - t_n^*\| \leq C n^{-\beta}$ $\hfill (n \in \mathbb{N}).$

Beweis: Für $g \in Q^{(l)}$ gilt nach Satz 2.2.2 $E_n(g) \leq (4/n)^l \|g^{(l)}\|$. Setzen wir $g = t_{2n}^*$, so erhalten wir mit (3.2.7)

(3.2.9) $\quad E_n(g) = E_n(t_{2n}^*) \leq A(4/n)^l n^{l-\beta} \leq B n^{-\beta}.$

Ist τ_n^* ein Element bester Approximation aus T_n^g zu g, so gilt wegen $L(g) \subset L(f)$ auch $\tau_n^* \in T_n^f$, und es folgt

$$E_n(g) = \|g - \tau_n^*\| \geq \|\tau_n^* - f\| - \|f - t_{2n}^*\| \geq E_n(f) - E_{2n}(f) \geq 0.$$

Mit (3.2.9) erhalten wir $E_n(f) - E_{2n}(f) \leq B n^{-\beta}$ oder
$$E_{2^k n}(f) - E_{2^{k+1} n}(f) \leq B(2^k n)^{-\beta}.$$

Durch Summation folgt wegen $\lim_{k \to \infty} E_{2^k n}(f) = 0$

$$E_n(f) = \sum_{k=0}^{\infty} \{E_{2^k n}(f) - E_{2^{k+1} n}(f)\} \leq B n^{-\beta} \sum_{k=0}^{\infty} 2^{-\beta k}, \quad \text{d. h. (3.2.8)}.$$

Fassen wir die Sätze aus Abschnitt 3 zusammen, so erhalten wir den folgenden Satz. Dieser wurde im Falle periodischer Funktionen und für die Theorie der besten Approximation in Banachräumen zuerst in [9]; [10] ausgeführt. Dort findet man auch die einschlägige Literatur zu diesem Themenkreis.

Satz 3.2.5. *Es sei $f \in Q$ und t_n^* ein Element bester Approximation aus T_n^f zu f. Folgende Aussagen sind für $0 < k < r + \alpha < l$, $0 < \alpha < 2$ äquivalent ($k, l, r \in \mathbb{N}$):*

a) $\quad E_n(f) = \|f - t_n^*\| = O(n^{-r-\alpha});$

b) $\quad f \in Q^{(k)}, \quad \|f^{(k)} - t_n^{*(k)}\| = O(n^{k-r-\alpha});$

c) $\quad \|t_n^{*(l)}\| = O(n^{l-r-\alpha});$

d) $\quad f \in Q^{(r)}, \quad f^{(r)} \in \text{Lip}^*(Q; \alpha).$

Beweis: b) folgt aus a) nach Satz 3.2.1, wenn wir $\beta = r + \alpha$ setzen, c) gilt mit den Voraussetzungen b) nach Folgerung 3.2.3, und c) impliziert a) nach Satz 3.2.4.
Die Äquivalenz von a) und d) folgt aus den Sätzen 3.1.1 und 3.1.2.
Damit haben wir einige der Fundamentalsätze der Approximationstheorie für periodische Funktionen auf fastperiodische Funktionen aus Q übertragen.

4. Approximation in Q und S

4.1 Approximation durch fastperiodische Polynomklassen

Im vorhergehenden Abschnitt haben wir den Satz 3.2.5 aus Approximationssätzen von 3.1 und 3.2 gefolgert; nun wollen wir zunächst zeigen, daß man eine Verallgemeinerung dieses Satzes auch aus einem allgemeinen Satz aus [9] herleiten kann. Dazu betrachten wir den Banachraum aller fastperiodischen Funktionen aus Q, deren Fourierexponenten in einer gewissen, fest vorgegebenen Folge Λ enthalten sind. Ist

$$\Lambda = \{\lambda_k \in \mathbb{R}, \lambda_{k+1} < \lambda_k, \lambda_{-k} = -\lambda_k, \lim_{k \to \infty} \lambda_k = \infty\}$$

eine solche Folge, so ist der Raum

$$Q(\Lambda) = \{f \in Q; L(f) \subset \Lambda\}$$

unter der Norm von Q ein Banachraum. Sei das K-Funktional (siehe [7, p. 167]) für die Banachräume $Q(\Lambda)$, $Q^{(s)}(\Lambda) = Q(\Lambda) \cap Q^{(s)}$ und $f \in Q(\Lambda)$ durch

(4.1.1) $\quad K(f; t^s; Q(\Lambda), Q^{(s)}(\Lambda))$

$$= \inf_{g \in Q^{(s)}(\Lambda)} \{\|f - g\| + t^s(\|g\| + \|g^{(s)}\|)\} \qquad (t > 0)$$

definiert. Der s-te Stetigkeitsmodul

$$\omega_s(f;\delta) = \sup_{|h|\leq\delta} \|\Delta_h^s f\|$$

mit $\Delta_h^s f(x) = \Sigma_{k=0}^{s}(-1)^{s-k}\binom{s}{k}f(x+kh)$ ist für $f \in \mathbf{Q}(\Lambda)$ mit diesem Funktional durch die Ungleichungen

(4.1.2) $\quad c_{1,s}\,\omega_s(f;t) \leq K(f;t^s; \mathbf{Q}(\Lambda), \mathbf{Q}^{(s)}(\Lambda)) \leq c_{2,s}\{t^s\|f\| + \omega_s(f;t)\}$

verknüpft, wobei $c_{1,s}, c_{2,s}$ unabhängig von f sind. Aus $\lim_{n\to\infty} E_n(f) = \lim_{n\to\infty} E_n(f;\mathbf{Q})$
$= 0$ für jedes $f \in \mathbf{Q}$ folgt mit den Ungleichungen (2.2.4) und (2.2.8) als direkte Anwendung von Satz 2 aus [9]

Satz 4.1.1. *Ist $f \in \mathbf{Q}(\Lambda)$ und $t_n^*(f)$ ein Element bester Approximation aus T_n^f zu f, so sind für $0 < k < \theta < l, 0 < \theta < s \ (k, l, s \in \mathbb{N})$ folgende Aussagen äquivalent:*

a) $\qquad E_n(f;\mathbf{Q}) = \|f - t_n^*(f)\| = O(n^{-\theta})$;

b) $\qquad f \in \mathbf{Q}^{(k)}(\Lambda), \quad \|f^{(k)} - t_n^{*(k)}(f)\| = O(n^{k-\theta})$;

c) $\qquad \|t_n^{*(l)}(f)\| = O(n^{l-\theta})$;

d) $\qquad K(f;t^s;\mathbf{Q}(\Lambda),\mathbf{Q}^{(s)}(\Lambda)) = O(t^\theta).$

Zu Satz 4.1.1 sei bemerkt, daß die Räume $\mathbf{Q}^{(s)}(\Lambda)$ $(s \geq 0)$ nur eingeführt wurden, um Banachräume zur Definition des K-Funktionals zur Verfügung zu haben. Für die Theorie der besten Approximation ist jedoch diese Forderung nicht wesentlich, und da die Konstanten in (4.1.2) von Λ unabhängig sind, läßt sich das K-Funktional durch die von Λ unabhängige Größe $\omega_s(f;t)$ ersetzen, d. h. in Satz 4.1.1 ist Aussage d) äquivalent mit

d*) $\qquad \omega_s(f;t) = O(t^\theta);$

somit ist Satz 4.1.1 eine Verallgemeinerung von Satz 3.2.5.

Im Gegensatz zum Raum $\mathbf{Q}$, für dessen Elemente die Mengen $L(f)$ ihren Häufungspunkt im Unendlichen haben, betrachten wir nun eine bei B. M. Levitan [15, p. 84] zu findende Klasse von fastperiodischen Funktionen, bei denen die Menge $L(f)$ einen Häufungspunkt λ^* im Endlichen besitzt, und leiten aus Satz 2 von [9] eine Satz 4.1.1 entsprechende Version für diese Funktionen ab. Dabei soll $\lambda^* = 0$ angenommen werden [andernfalls betrachtet man die Funktion $f^*(x) = f(x)e^{-i\lambda^* x}$]. Es sei also

$$\mathsf{S} = \{f \in \mathsf{F};\ \lambda_{k+1} < \lambda_k,\ \lambda_{-k} = -\lambda_k,\ \lim_{k\to\infty}\lambda_k = 0,\ \lambda_k \in L(f)\}$$

(i. e. die Menge aller fastperiodischen Funktionen mit $\lambda^* = 0$) und

$$\mathsf{S}^{(s)} = \{f \in \mathsf{S};\ \text{es existieren}\ f^{(-1)},\ldots,f^{(-s)} \in \mathsf{S}\ \text{mit}\ (f^{(-1)})'(x) = f(x),$$
$$(f^{(-n)})'(x) = f^{(-n+1)}(x),\ n = 2,\ldots,s\}.$$

Für $f \in \mathsf{S}$ definiert man die zugehörige Polynomklasse durch

$$\mathsf{T}_{n-1}^f = \{t_{n-1} \in \mathsf{S};\ t_{n-1}(x) = \sum_{|\lambda_k|>n^{-1}} c_k e^{i\lambda_k x},\ c_k \in \mathbb{R},\ \lambda_k \in L(f)\},$$

und die beste Approximation von f durch Elemente aus T_{n-1}^f durch

$$E_{n-1}(f; S) = \inf\{\|f - t_{n-1}\|; t_{n-1} \in T_{n-1}^f\}.$$

Nach allgemeinen Sätzen der Approximationstheorie existiert mindestens ein $t_{n-1}^*(f) \in T_{n-1}^f$ mit $E_{n-1}(f; S) = \|f - t_{n-1}^*(f)\|$. Für $f \in S^{(r)}$ gilt nach [6] eine Ungleichung vom Jackson-Typ

(4.1.3) $\quad E_{n-1}(f; S) \leq c_{3,s} n^{-s} \|f^{(-s)}\|$ $\hfill (f \in S^{(s)})$

mit einer von f unabhängigen Konstanten $c_{3,s}$. Die andere fundamentale Ungleichung vom Bernstein-Typ,

(4.1.4) $\quad \|t_{n-1}^{(-s)}\| \leq c_{4,s} n^s \|t_{n-1}\|$ $\hfill (t_{n-1} \in T_{n-1}^f),$

stammt von H. Bohr [3, p. 274]. Analog wie in Q führen wir die Banachräume

$$S(\Lambda) = \{f \in S; L(f) \subset \Lambda\}$$

mit einer fest vorgegebenen Folge

$$\Lambda = \{\lambda_k \in \mathbb{R}; \lambda_{k+1} < \lambda_k, \lambda_{-k} = -\lambda_k, \lim_{k\to\infty}\lambda_k = 0\}$$

ein und definieren für die Banachräume $S(\Lambda)$, $S^{(s)}(\Lambda) = S(\Lambda) \cap S^{(s)}$ und $f \in S(\Lambda)$ das K-Funktional

(4.1.5) $\quad K(f; t^s; S(\Lambda), S^{(s)}(\Lambda)) = \inf_{g \in S^{(s)}(\Lambda)} \{\|f-g\| + t^s \|g^{(-s)}\|\}$ $\hfill (t > 0).$

Aus $\lim_{n\to\infty} E_{n-1}(f; S) = 0$ für jedes $f \in S$ ergibt sich mit (4.1.3) und (4.1.4) als Folgerung von Satz 2 aus [9]

Satz 4.1.2. *Ist $t_{n-1}^*(f)$ ein Element bester Approximation aus T_{n-1}^f zu $f \in S(\Lambda)$, so sind für $0 < k < \theta < l$, $0 < \theta < s$ folgende Aussagen äquivalent ($k, l, s \in \mathbb{N}$):*

a) $\qquad E_{n-1}(f; S) = \|f - t_{n-1}^*(f)\| = O(n^{-\theta});$

b) $\qquad f \in S^{(k)}(\Lambda), \|f^{(k)} - t_{n-1}^{*(-k)}(f)\| = O(n^{k-\theta});$

c) $\qquad \|t_{n-1}^{*(-l)}(f)\| = O(n^{l-\theta});$

d) $\qquad K(f; t^s; S(\Lambda), S^{(s)}(\Lambda)) = O(t^\theta).$

Definiert man für $f \in S$ den s-ten Integralmodul durch

$$\Omega_s(f; N) = \sup_{\substack{|T_i| \geq N > 0 \\ i=1,\ldots,s}} \sup_{-\infty < x < \infty} \left| \frac{1}{\prod\limits_{i=1}^{s} T_i} \int_0^{T_1} \cdots \int_0^{T_s} f(x + \sum_{i=1}^{s} t_i) dt_1 \ldots dt_s \right|,$$

so läßt sich analog zu (4.2) für $f \in S(\Lambda)$ eine Abschätzung der Form

(4.1.6) $\quad c_{5,s} \Omega_s(f; 1/t) \leq K(f; t^s; S(\Lambda), S^{(s)}(\Lambda)) \leq c_{6,s} \Omega_s(f; 1/t)$

beweisen. Damit ist Aussage d) von Satz 4.1.2 äquivalent zu $\Omega_s(f; N) = O(N^{-\theta})$. In dieser Form ist Satz 4.1.2 eine Verallgemeinerung von Ergebnissen aus [6] und [17].

4.2 Approximation durch fastperiodische Funktionenklassen

Bisher haben wir fastperiodische Funktionen aus Q bzw. S durch fastperiodische Funktionen, bei denen die Anzahl der Fourierexponenten endlich ist und bei denen die Fourierexponenten selbst dem Betrag nach nach oben bzw. nach unten beschränkt sind, approximiert; d. h. durch fastperiodische Polynome. Nun wollen wir die Forderung nach der endlichen Anzahl der Fourierexponenten der approximierenden Elemente fallen lassen, d. h. wir betrachten die Approximation von fastperiodischen Funktionen aus Q bzw. aus S durch solche fastperiodischen Funktionen, bei denen die Fourierexponenten dem absoluten Betrag nach nach oben durch ϱ bzw. nach unten durch $1/\varrho$ mit einem stetigen Parameter $\varrho > 0$ beschränkt sind. Bezeichnen wir mit $F_\varrho = \{f \in F; \hat{f}(\lambda) = 0 \text{ für } |\lambda| \geq \varrho\}$ ($\varrho > 0$) und $e_\varrho(f; Q) = \{\inf \|f - g_\varrho\|; g_\varrho \in F_\varrho\}$, so gilt wegen

(4.2.1) $\quad e_\varrho(f; Q) \leq E_\varrho(f; Q)$ $\hfill (0 < \varrho \in \mathbb{N})$

auch, daß $\lim\limits_{\varrho \to \infty} e_\varrho(f; Q) = 0$, und nach (2.2.4) folgt

(4.2.2) $\quad e_\varrho(f; Q) \leq c_{7,s}\, \varrho^{-s} \|f^{(s)}\|$ $\hfill (f \in Q^{(s)}).$

Die Elemente aus F_ϱ sind beliebig oft stetig differenzierbar und erfüllen eine Ungleichung vom Bernstein-Typ

(4.2.3) $\quad \|g_\varrho^{(s)}\| \leq c_{8,s}\, \varrho^s \|g_\varrho\|$ $\hfill (g \in F_\varrho).$

Aus Satz 2 von [9] folgt dann

Satz 4.2.1. *Ist $f \in Q$ und $g_\varrho^*(f)$ ein Element aus F_ϱ mit $\|f - g_\varrho^*(f)\| \leq 2 e_\varrho(f; Q)$, so sind für $0 < k < \theta$, $0 < \theta < s$ folgende Aussagen äquivalent ($k, l, s \in \mathbb{N}$):*

a) $\qquad e_\varrho(f; Q) = O(\varrho^{-\theta})$;

b) $\qquad f \in Q^{(k)},\ \|f^{(k)} - g_\varrho^{*(k)}(f)\| = O(\varrho^{k-\theta})$;

c) $\qquad \|g_\varrho^{*(l)}(f)\| = O(\varrho^{l-\theta})$;

d) $\qquad \omega_s(f; t) = O(t^\theta)$.

Betrachten wir nun die Approximation von Funktionen aus S durch fastperiodische Funktionen, deren Fourierexponenten dem Betrage nach größer als $1/\varrho$ sind. Wir setzen analog $F_{\varrho^{-1}} = \{f \in F; \hat{f}(\lambda) = 0 \text{ für } |\lambda| \leq 1/\varrho\}$ ($\varrho > 0$) und $e_{\varrho^{-1}}(f; S) = \inf\{\|f - g_{\varrho^{-1}}\|, g_{\varrho^{-1}} \in F_{\varrho^{-1}}\}$. Wegen

(4.2.4) $\quad e_{\varrho^{-1}}(f; S) \leq E_{\varrho^{-1}}(f; S)$ $\hfill (0 < \varrho \in \mathbb{N})$

folgt $\lim\limits_{\varrho \to \infty} e_{\varrho^{-1}}(f; S) = 0$, und mit (4.3)

(4.2.5) $\quad e_{\varrho^{-1}}(f; S) \leq c_{9,s}\, \varrho^{-s} \|f^{(-s)}\|$ $\hfill (f \in S^{(s)}).$

Die Elemente aus $F_{\varrho^{-1}}$ gehören zu $S^{(k)}$ für jedes $k \in \mathbb{N}$ und genügen der Ungleichung

(4.2.6) $\quad \|g_{\varrho^{-1}}^{(s)}\| \leq c_{10,s}\, \varrho^s \|g_{\varrho^{-1}}\|$ $\hfill (g_{\varrho^{-1}} \in F_{\varrho^{-1}}).$

Damit folgt aus Satz 2 von [9]

Satz 4.2.2. *Ist $f \in \mathsf{S}$ und $g_{\varrho-1}^{*}(f)$ ein Element aus $\mathsf{F}_{\varrho-1}$ mit $\|f - g_{\varrho-1}^{*}(f)\| \leq 2 e_{\varrho-1}(f; \mathsf{S})$, so gelten für $0 < k < \theta$, $0 < \theta < s$ die folgenden Äquivalenzen ($k, l, s \in \mathbb{N}$):*

a) $\qquad e_{\varrho-1}(f; \mathsf{S}) = O(\varrho^{-\theta})$;

b) $\qquad f \in \mathsf{S}^{(k)}, \quad \|f^{(-k)} - g_{\varrho-1}^{*(-k)}(f)\| = O(\varrho^{k-\theta})$;

c) $\qquad \|g_{\varrho-1}^{*(-l)}(f)\| = O(\varrho^{l-\theta})$;

d) $\qquad \Omega_s(f; N) = O(N^{-\theta})$.

Vergleichen wir einmal die beiden Approximationsarten im Raume Q. Aus $e_{\varrho}(f; \mathsf{Q}) = O(\varrho^{-\theta})$ folgt durch Vergleichen der Aussagen d) in den Sätzen 4.1.1 und 4.2.3 unter Berücksichtigung der Ungleichungen (4.1.2), daß auch $E_{\varrho}(f; \mathsf{Q}) = O(\varrho^{-\theta})$ gilt, d. h. $E_{\varrho}(f; \mathsf{Q})$ ist von gleicher Ordnung wie $e_{\varrho}(f; \mathsf{Q})$. Analoges gilt für den Raum S. Also wird in diesem Falle die Approximationsgeschwindigkeit durch Vergrößerung der Klasse der approximierenden Funktionen nicht verbessert.

Approximationsfragen für Elemente aus Q bzw. S durch Elemente aus F_{ϱ} bzw. $\mathsf{F}_{\varrho-1}$ wurden im Falle des ersten Stetigkeitsmoduls bzw. des ersten und zweiten Integralmoduls schon in [5; 14b] bzw. [6] und [17] untersucht. Zumindest die Äquivalenz der Aussagen b) und c) mit denen von a) und d) der Sätze 4.1.1 bis 4.2.2, die als Anwendungen allgemeiner Sätze aus [9] hergeleitet wurden, scheinen im Rahmen der Approximation von fastperiodischen Funktionen bisher nicht bekannt zu sein.

Literaturverzeichnis

[1] ACHIESER, N. I., Vorlesungen über Approximationstheorie. Akademie-Verlag, Berlin 1967.

[2] BESICOVITCH, A. S., Almost Periodic Functions. University Press, Cambridge 1932.

[3] BOHR, H., Collected Mathematical Works. Vol. II. Dansk Matematisk Forening, Kopenhagen 1952.

[4] BREDIHINA, E. A., Some problems in summation of Fourier series of almost periodic functions. Uspehi Mat. Nauk **15** (1960), no. 5 (95), 143–150 (Russian). Amer. Math. Soc. Transl. (2) **26** (1963), 253–261.

[5] BREDIHINA, E. A., Some estimates of the deviation of partial sums of Fourier series of almost periodic functions. Mat. Sb. (N. S.) **50** (92) (1960), 369–382 (Russian).

[6] BREDIHINA, E. A., On the approximation of almost periodic functions with bounded spectrum. Mat. Sb. (N. S.) **56** (98) (1962), 59–76 (Russian).

[7] BUTZER, P. L. - H. BERENS, Semi-Groups of Operators and Approximation. Springer, Berlin 1967.

[8] BUTZER, P. L. - R. NESSEL, Fourier Analysis and Approximation. Vol. I. Birkhäuser, Basel 1970.

[9] BUTZER, P. L. - K. SCHERER, Über die Fundamentalsätze der klassischen Approximationstheorie in abstrakten Räumen. In: Abstract Spaces and Approximation. Proc. Conf. Oberwolfach 1968. Ed. by P. L. Butzer and B. Sz.-Nagy. ISMN vol. 10. Birkhäuser, Basel 1969.

[10] BUTZER, P. L. - K. SCHERER, On the fundamental approximation theorems of D. Jackson, S. N. Bernstein, and the theorems of M. Zamansky and S. B. Steckin. Aequat. math. **3** (1969), 170–180.

[11] BUTZER, P. L. - K. SCHERER, Jackson and Bernstein-type inequalities for families of commutative operators in Banach spaces (to appear in J. Approximation Theory).
[12] CHENEY, E. W., Introduction to Approximation Theory. McGraw-Hill, New York 1966.
[13] CORDUNEANU, C., Almost Periodic Functions. Interscience, New York 1968.
[14] DAVIS, P. J., Interpolation and Approximation. Blaisdell, New York 1963.
[14b] KUPCOV, N. P., Direkt and converse theorems of approximation theory and semigroups of operators. Usphehi Mat. Nauk 23 (1968), no. 4 (142), 117–178 (Russian). Translated as: Russ. Mat. Service 23 (1968), no. 4, 115–177.
[15] LEVITAN, B. M., Almost Periodic Functions. Gosudarstv. Izdat. Tehn.-Teor. Lit., Moscow 1963 (Russian).
[16] MAAK, W., Fastperiodische Funktionen. Springer, Berlin 1950.
[17] CHENG NAI-TUNG, On the characteristic structural properties of uniform almost periodic functions of a certain class. Sci. Sinica 13 (1964), 185–192 (Russian). Chinese Math. 4 (196), 478–484.
[18] SHAPIRO, H. S., Smoothing and Approximation of Functions. Van Nostrand Reinhold, New York 1969.
[19] TIMAN, A. F., Theory of Approximation of Functions of a Real Variable. Pergamon Press, Oxford 1963.

Forschungsberichte des Landes Nordrhein-Westfalen

Herausgegeben im Auftrage des Ministerpräsidenten Heinz Kühn
von Staatssekretär Professor Dr. h. c. Dr. E. h. Leo Brandt

Sachgruppenverzeichnis

Acetylen · Schweißtechnik
Acetylene · Welding gracitice
Acétylène · Technique du soudage
Acetileno · Técnica de la soldadura
Ацетилен и техника сварки

Arbeitswissenschaft
Labor science
Science du travail
Trabajo científico
Вопросы трудового процесса

Bau · Steine · Erden
Constructure · Construction material · Soilresearch
Construction   Matériaux de construction · Recherche souterraine
La construcción   Materiales de construcción · Reconocimiento del suelo
Строительство и строительные материалы

Bergbau
Mining
Exploitation des mines
Minería
Горное дело

Biologie
Biology
Biologie
Biologia
Биология

Chemie
Chemistry
Chimie
Quimica
Химия

Druck · Farbe · Papier · Photographie
Printing · Color · Paper · Photography
Imprimerie · Couleur · Papier · Photographie
Artes gráficas · Color · Papel · Fotografía
Типография · Краски · Бумага · Фотография

Eisenverarbeitende Industrie
Metal working industry
Industrie du fer
Industria del hierro
Металлообрабатывающая промышленность

Elektrotechnik · Optik
Electrotechnology · Optics
Electrotechnique · Optique
Electrotécnica · Optica
Электротехника и оптика

Energiewirtschaft
Power economy
Energie
Energía
Энергетическое хозяйство

Fahrzeugbau · Gasmotoren
Vehicle construction · Engines
Construction de véhicules · Moteurs
Construcción de vehículos · Motores
Производство транспортных средств

Fertigung
Fabrication
Fabrication
Fabricación
Производство

Funktechnik · Astronomie
Radio engineering · Astronomy
Radiotechnique · Astronomie
Radiotécnica · Astronomía
Радиотехника и астрономия

Gaswirtschaft
Gas economy
Gaz
Gas
Газовое хозяйство

Holzbearbeitung
Wood working
Travail du bois
Trabajo de la madera
Деревообработка

Hüttenwesen · Werkstoffkunde
Metallurgy · Materials research
Métallurgie · Matériaux
Metalurgia · Materiales
Металлургия и материаловедение

Kunststoffe
Plastics
Plastiques
Plásticos
Пластмассы

Luftfahrt · Flugwissenschaft
Aeronautics · Aviation
Aéronautique · Aviation
Aeronáutica · Aviación
Авиация

Luftreinhaltung
Air-cleaning
Purification de l'air
Purificación del aire
Очищение воздуха

Maschinenbau
Machinery
Construction mécanique
Construcción de máquinas
Машиностроительство

Mathematik
Mathematics
Mathématiques
Matemáticas
Математика

Medizin · Pharmakologie
Medicine · Pharmacology
Médecine · Pharmacologie
Medicina · Farmacología
Медицина и фармакология

NE-Metalle
Non-ferrous metal
Metal non ferreux
Metal no ferroso
Цветные металлы

Physik
Physics
Physique
Física
Физика

Rationalisierung
Rationalizing
Rationalisation
Racionalización
Рационализация

Schall · Ultraschall
Sound · Ultrasonics
Son · Ultra-son
Sonido · Ultrasónico
Звук и ультразвук

Schiffahrt
Navigation
Navigation
Navegación
Судоходство

Textilforschung
Textile research
Textiles
Textil
Вопросы текстильной промышленности

Turbinen
Turbines
Turbines
Turbinas
Турбины

Verkehr
Traffic
Trafic
Tráfico
Транспорт

Wirtschaftswissenschaften
Political economy
Economie politique
Ciencias económicas
Экономические науки

Einzelverzeichnis der Sachgruppen bitte anfordern

Westdeutscher Verlag · Köln und Opladen
567 Opladen/Rhld., Ophovener Straße 1–3, Postfach 1620

If you have any concerns about our products,
you can contact us on
ProductSafety@springernature.com

In case Publisher is established outside the EU,
the EU authorized representative is:
**Springer Nature Customer Service Center GmbH
Europaplatz 3, 69115 Heidelberg, Germany**

Printed by Libri Plureos GmbH
in Hamburg, Germany